参 与 性 景 观
PARTICIPATORY LANDSCAPE

张 唐 景 观 实 践 手 记

张东　唐子颖　著

同济大学出版社
TONGJI UNIVERSITY PRESS

中国·上海

图书在版编目（CIP）数据

参与性景观 ：张唐景观实践手记 = PARTICIPATORY
LANDSCAPE ／ 张东，唐子颖著 . -- 上海 ：同济大学出版
社 ，2018.12（2020.1 重印）
　　ISBN 978-7-5608-8126-3

　　Ⅰ . ①参… Ⅱ . ①张… ②唐… Ⅲ . ①景观设计
Ⅳ . ① TU983

　　中国版本图书馆 CIP 数据核字 (2018) 第 204649 号

参与性景观——张唐景观实践手记
PARTICIPATORY　LANDSCAPE

著者：张东　唐子颖
出品人：华春荣
责任编辑：孙彬
装帧设计：姚瑜
责任校对：张德胜

出版发行：同济大学出版社
地址：上海市杨浦区四平路 1239 号
电话：021-65985622
邮政编码：200092
网址：www.tongjipress.com.cn
经销：全国各地新华书店

印刷：上海雅昌艺术印刷有限公司
开本：787 mm×1 092 mm　1/16
字数：349 000
印张：14
版次：2018 年 12 月第 1 版　2020 年 1 月第 3 次印刷
书号：ISBN 978-7-5608-8126-3
定价：128.00 元

张唐景观
Z+T STUDIO

前言：为人的生态设计

时间和空间经常被相提并论，但实际上却很不同。处于不同空间的人可以改变自己所处的空间位置，迁移到另外一个空间；但是，以目前的技术而言，一个人无论如何不能改变自己所处的时间位置，只能生存在某个时代，接受这个时代的价值观，面对这个时代的问题。

如果把景观设计这个行业放在一个时间和空间的坐标系里来考察，对于目前景观设计行业比较关注的一些话题：生态、文化、社区、可持续，等等，可能会有一些有意思的发现。作为当代的景观设计师，我们面临的问题和前辈设计师，和以后的设计师都不一样。比如说我们目前所关注的生态恢复、海绵城市、文化景观、社区景观、景观都市主义，等等，对于当年古典园林的设计师来说根本不存在，对于未来的设计师来说可能也不是什么问题。

然而，我们只能面对这个时代的问题，虽然在人类历史长河中，这些可能都只是阶段性的。不过，我们也会常常想一想：到底有没有什么东西是更永恒一些的呢？

作为设计师，我们处理的问题总是和人相关。根据人类存在的不同方面，可以把这些问题分为三个层面：第一，和整体人类相关的是"生态"，或者"生存"的命题。地球不需要人类，是人类需要地球。在营造景观时，考虑用低碳环保可持续的方法，改善自然生态环境，是维护人类生存的基础。第二，和部分人群相关的是日常"生活"命题。社会发展以及城市发展将人根据血缘关系、收入、教育程度等等分为不同的人群。景观设计为特定人群的日常生活提供场所和机会，解决他们面临的各种实际问题。不同时代、社会、发展阶段、文化、人群面临的问题会很不一样。第三，和个人相关的是"生命"。景观设计连接人与自然，提供个体审美、自我内省和心灵成长的机会。经典风景园林作品之所以能跨文化、跨时代被人欣赏，往往是因为它在第三点上很成功。

"生态"是一个如此宽泛的概念，以至于目前几乎所有的东西都可以冠以生态之名。对于大多数人来说，生态就是绿色的、和谐的、健康的，以及类似但含义模糊的各种事物。事实上，生态具有空间维度和时间维度上两层含义。在空间的维度上来看，我们人类可感知和可影响的生态系统只是沧海一粟。我们现在所谈到的能源和资源危机，地球上所有的能源（除地热能和原子核能外）都来自太阳能，而人类所能利用到的太阳能只占全部太阳能的极少部分，就算我们把地球上的陆地全部用太阳能板覆盖起来，所能收集到的太阳能和太阳散发出来的能量相比也非常微小。另一方面，在时间的维度上来看，地球和它所属的太阳系已经存在了数十亿年，相对而言，人类的出现和存在的时间相比这个时间的长度是一个非常微不足道的瞬间。

如果从这个角度来思考生态，生态应该是什么？难道生态就是在人类出现之前的状态？或者说，从生态的角度来说，人类的最少干预是否就意味着最佳的生态状态？至少，对我们来说，一个完美的人造生态系统应该是充分考虑了人的活动，人在自然中适度存在而并不会干扰和破坏自然界本身的存在状态，并且能将这种状态长期保持和传承给下一代。

对于具体的项目而言，生态设计终究还是为了塑造有人参与的生态系统。"生活"才是设计的出发点和目标，设计师为了提升使用者的生活品质而设计。

原理虽然简单，但实际操作起来却很复杂，因为我们大多数时候并不能直接面对使用者。对于城市公共项目，设计师面对的是政府部门；对于地产项目，设计师面对的是开发商。这些都是间接使用者，其决策往往依赖于个人所处的机制，设计师面临的只是一些假想的使用者。

美国同行在做公共项目时的标准做法——"公众参与"，目前可能算是比较直接地让设计师面对使用者的一个途径。但众口难调，好像这类项目的结果往往都很平淡。"公众参与"可以满足大多数人的需求，但不是万能药。

《史蒂夫·乔布斯传》里讲了一个有趣的故事：记者问他为什么一个做电脑的会想到去做智能手机？是否做过市场调研？乔布斯回答说，他们觉得现在市场上的手机都太落后了，想要做一个自己愿意用的手机。市场调研只能针对已经有的东西，对于从来没有出现过的东西，市场调研毫无意义。设计行业好像也是如此，设计师通过公众参与做出一些让大家都满意的项目，但有的时候公众参与又成了创新的最大阻力。如果要创造性地提升生活品质，就需要设计师更加个人化的介入，而不仅仅是根据使用者的需求给出答案。

如果说"生态"设计应该是一个"绝对客观"的过程，设计师需要顺应自然应该有的状态；为了"生活"的设计，应该是一个"相对客观"的过程，设计师需要聆听使用者的需求然后给出解答；那么为了"生命"的设计可以是一个非常主观的过程，在这个层面上每个设计师都会有自己的想法。

对于我们来说，一个项目设计的过程是做尽量客观的场地分析测算和生态技术运用；加上相对客观地聆听客户和使用者的日常生活所需；再加上设计师比较主观的个性化解决方案。世界之所以美好就在于它的多姿多彩，生命之所以美好在于它的无限可能。每个个体生命由于个体的差异和生活经验等方面的不同，在价值观、审美、兴趣喜好等方面也会有许多不同。价值观是我们做设计时最基本的驱动力；审美是推敲设计元素取舍的潜在因素；兴趣喜好是设计创意和想象力的来源。

景观设计的重要意义是加强人和自然的关系。不管是作为整体的人类，还是作为群体的人们，抑或是作为个体的自我，自然都是必不可少的。现代生活方式经常将自然当作人类需求的物质基础并无休止地索取，而忽视了自然对于个体生命本身的重要性。

日渐严重的环境问题、空气污染归根结底在于人们对物质的贪婪，对精神的漠视和对自然的无知。参与性景观设计希望能让自然成为日常生活中必不可少的一部分，并且让人能更好地感受到阳光、空气、风、水、季节变化和万物更替的美，能让人充分感受到自然的美、自然对人的非物质价值。通过无处不在的环境教育，让人们能了解到自然生态系统，了解到人在自然生态系统中的位置，最终重塑人与自然和谐生活的理念。

人类需要自然，但是自然并不需要人类。景观设计归根结底还是为了塑造有人参与的自然生态系统。

本书记录了我和唐子颖从美国毕业后回国实践以来的各种想法，其中有一些文章和采访曾经在《中国园林》《景观设计学》《风景园林》等杂志上发表过，有一些片段在张唐景观的微信公众号上发布过，还有几个演讲稿算是曾经发布过。除此之外，每一章的第一部分内容曾经于 2016 年在清华大学朱育帆教授的博士课程上和学生分享过。东拼西凑前前后后跨越这么多年的文字放在一起，如有疏漏、重复、矛盾的地方，还望大家谅解；不过这大概也正反映出我们这些年真实的思考过程吧。

张东

2018 年 6 月

目录

极 简
Simplicity

极简风格

从单纯风格的角度来说，"极简"和"现代"似乎可以画等号，至少许多现代主义的经典作品可以符合"极简"的标准。所谓极简，字面意思就是去除多余的东西，达到极其简单的地步。看似简单，但事实上"简单"是很不容易达到的一种境界。马萨诸塞大学（University of Massachusetts Amherst）的迪安·卡尔达希斯（Dean Cardasis）教授曾说："简单永不可达，复杂不可避免。"（Simplicity is unachievable；Complexity is unavoidable.）讲的是景观设计方面的简单与复杂的辩证关系。至今，至少在景观设计实践的世界里，这句话很有道理。一个项目有各种场地限制条件，各种功能要求，各种使用习惯，各种施工技术和维护条件限制，在满足这些条件以后，要想保持简单的状态基本上是"永不可达"的。

跨越古典和现代的设计大师丹·凯利（Dan Kiley）在设计中经常会采用一些传统的景观元素，但处理得简单而现代。米勒花园（Miller Garden）里的一个经典场景——国槐林荫道：设计得很简单，就是两排国槐，一个对景雕塑（图1）。每次看这张图片，都不禁会想这么一个问题：这张图片无数次被设计师用作意向图片，为什么国内从来没有建成过一个和该图片一样的项目？答案肯定不是因为大家不想抄袭。在一些设计

图1

师可以无畏地抄袭任何东西的大背景下，没有被抄袭只有一个原因：设计师或业主并不真正理解这张图片为什么很漂亮。可以想象一下，作为意向图片，大家都觉得好，但真正在做的时候会发现很多问题：地面铺装——不能用碎石渣，因为"不上档次"、容易被踢跑、物业管理卫生很难打扫，等等。如果用铺装，就必须要树池，然后就是要不要把树池抬高，和座凳结合起来？还有树池里面的材料——卵石、灌木等等。接下来就是种树——全部种落叶树是不是冬天看上去不太好？那么要不要在外围再种一排常绿树？国槐是不是品种不够高贵？最关键还是由于需要即时效果，不能种小树任由它慢慢长，那么种大树就需要树撑——可以想象，完工以后就是一个国内很常见的林荫广场，谁也不好意思说是参考了丹·凯利的米勒花园。

虽然，从来没有人把丹·凯利归为极简主义设计师一类，但从米勒花园可以看出，丑的东西千奇百怪，但美的东西都有一定的相同之处。对于景观来说就是，所有美的东西都包含着某种简单性。极简风格的设计要点或许在于抓住主要表达的东西，忽视其他可能会干扰主题的元素。如果设计的主要意图是让人欣赏两排国槐的美，就必须要排除一切可能干扰人欣赏国槐的因素，包括铺装肌理图案、树池及种植、座凳、树撑、路灯等等。单纯的两排国槐，每棵树都不是一模一样的，随风晃动的树枝、树叶，阳光洒下的斑驳树影都不会是一样的，所以说"复杂不可避免"。而去除其他干扰之后，让人感动的正是这些不可避免的"复杂"元素。设计中努力做减法，舍去所有的干扰，直到无可舍去。但这里有一个"度"。

极简的"度"

讲到简单与复杂的辩证关系，最让人关心的问题就是到底怎样才算简单而不单调，复杂而不混杂。如果极简和极复杂是设计中两个极端，那么设计师要做的工作主要在把握一个"度"，在设计的各个阶段做出最佳的选择。丹·凯利讲的"一切皆与比例相关"（It is all about proportion），大概有类似的意思。李泽厚先生曾说："我的哲学应该是度的哲学。""度"就是"掌握分寸，恰到好处"的意思，所谓"增之一分则太长，减之一分则太短；著粉则太白，施朱则太赤"。它相当于儒家说的中庸，在给定的

图 2

图 3

约束条件下，对事情的最优做法，或者对问题的最优解决途径。似乎部分类似于博弈论所说的"均衡解"。

对于这个话题，可以用野口勇 (Isamu Noguchi) 的一个景观作品大通曼哈顿银行下沉庭园 (Chase Manhattan Bank Plaza Sunken Garden) 作为例子来讨论 (图2)。野口勇大概是以雕塑家而跨界为景观师的第一人。作为日本和美国混血儿，他的童年时期在日本度过，且在青年时期游历日本和中国，据说还和齐白石学过国画，他的雕塑和景观设计作品中都有明显的东方文化的元素。

该作品是受日本枯山水庭院（图 3）启发而设计的一个圆形下沉式庭园。由于场地的特殊功能，庭园不可进入，人们的欣赏角度只能是从二层广场上俯视，或透过一楼阅览室的一圈落地窗平视。在这个庭园中，野口勇将七块大石头不对称地放置于以花岗岩材质建造的直径 18 米的波浪形地床上。七块黑色的大石头是从日本精心挑选而来，石头下面的地面隆起成一个个小圆丘，花岗岩铺装成环状花环和波浪曲线，仿佛耙过的沙地。它的景观效果让人感觉与地上庭园的景观完全不同，除了随着观者视角的变换而产生的景观变化外，庭园还因季节的变换而产生季象的变化。当干涸一冬的庭园在夏季到来时又重新变得活跃和湿润，被隐藏住的喷头喷射出细细的水柱，庭园里覆盖着薄薄的一层水，水雾萦绕在那"远渡重洋"的石头周围，这些散布的石峰仿佛就是大海中的几座孤岛。

图 4   图 5

　　如果要表现这个意境，那么所有的设计要素都应该是围绕这个目的，在元素的取舍上就要把握一个"度"。对比龙安寺，野口勇的下沉庭园没有采用白色沙子，而用了白色小料石，小料石的铺装纹理和沙地有相似之处，但增加了高低起伏地形和小喷泉这两个设计元素。混杂的东西只会削弱需要表现的主题。不管是龙安寺的白沙子，还是野口勇的白色小料石，都是围绕这些黑色石头，目的在于凸显主题。野口勇没有增加色彩，只是在材质和地形上做了变化。这些变化不但没有削弱主题——黑色石头，相反由于每一块石头处在不同的高度上，形成了比龙安寺更细微的变化。当然，地形和水景的增加与小料石的选用都是环环紧扣的，小料石的规格、地形起伏程度、喷泉的水量、喷头密度设置等等都需要精确把握这个"度"。

　　另外，如果我们再看一下纽约的佩雷公园（Paley Park），就可以知道小场地还可以简单到什么程度（图 4、图 5）。这是两幢高层建筑之间一个方形的场地，通过三步台阶将主要空间和街道划分开来。主要空间内三角形种植的 12 棵国槐树提供了一个很好的顶界面，由于阳光不算充足，槐树长得细高而疏朗，既能减轻旁边的高层建筑带来的压迫感，又能让天光透进来。空间的尽端是一面瀑布墙，瀑布的声音将街道噪声削弱，瀑布的水珠反射天光到这块相对比较狭小的空间。置身其中，既不感到嘈杂，也不憋闷。这个小公园大概是纽约最令人感动的地方之一了，所有的设计都恰到好处，不多不少，不高不矮，不疏不密，不静不闹。

极简极繁

有两年的时间，我们住在美国东北部的海边小镇，经常去海边看海。海在一年中不同的季节、气象、气候和一天中不同的时间都不一样，可谓变幻莫测。但海水本身又非常简单。自然界包罗万象、丰富复杂，但同时又蕴含着简单。我们看到的水、空气、阳光、植物、动物每一样都万分复杂，但似乎又很简单。在自然界里，复杂和简单似乎并不是事物的两个极端，而更像是一个统一体。

设计不是艺术，但是设计师往往能从艺术作品里受到启发，正如设计师能从自然中受到启发一样。艺术家塔拉·多娜文（Tara Donovan）在波士顿当代艺术馆（Institute of Contemporary Art, Boston）的一个装置艺术展很好地表现了这种简单与复杂互相转换的关系（图 6）。她善于利用生活中的日常材料，例如泡沫塑料杯子、吸管、牙签和纽扣等等，把这些常规的物件大量地重复排列产生一种全新的形式，给人以完全不同于物件本身的感受。对于艺术家来说，她可能是在挖掘日常材料的潜能。但作品带给人们的极其丰富的体验和感受与极其简单、平淡的材料之间的关系很有意思：简单的材料通过一种简单的逻辑关系组织在一起，却给人非常丰富的感受。

著名装置艺术家安·哈密尔顿（Ann Hamilton）在麻省当代艺术馆（MASS MoCA）的装置《空中的文集》（*Corpus*）是另外一个很好的例子（图 7）。她这个持

图 6

图 7

续展出十个月的艺术装置说起来也很简单：在天花板上悬挂 40 个小机械装置，每一个装置内置一叠半透明 A4 大小的白纸，按照一定时间间隔（约为一呼一吸时长）释放一张纸，纸片会自由飘动慢慢落在地面上，慢慢积累在展厅中。展厅两侧的大玻璃窗被贴上粉红色的透光薄膜，将展厅内的光线变成梦幻般的粉色。由于每个小装置释放纸片的时间是不一样的，所以当人在展厅中时，前后、左右、上下不时地有以不一样的姿态缓缓飘落下来的纸片，感受非常奇幻。在这个装置中，基本元素很简单，唯一的变量是时间，但就是这么一个变量产生了非常复杂丰富的体验。不知道艺术家是受什么启发而做的这个作品，我们在现场觉得这种感受大概和樱花树下花瓣随风飘落相似。

　　景观设计和建筑设计有许多不同之处，其一就是景观设计在和有生命的事物打交道，比如植物和水。我们认为"景观设计是艺术，是源于对大自然的热爱和理解，基于场地需求，对自然元素提炼、抽象和重组的艺术"，"探索自然的复杂性与统一性，简单与复杂之间转换和平衡，单纯景观元素在外界条件改变下的无穷变化和可能性，以及复杂要素之间单纯的逻辑关系"。我们的景观设计经常会从自然中受到启发。自然的肌理不管是海浪、涟漪、溪流，还是沙滩和岩石（图 8、图 9），都似乎极简同时极繁。

图 8　　　　　　　　　　　　　　　　　　　　　　　　　　　　　　　　图 9

极简价值观

彼得·沃克（Peter Walker）曾专门收藏过极简主义艺术品，而他的一些作品比较明显受到了极简艺术家的影响，能看到艺术作品的影子。早期他的唐纳喷泉（Tanner Fountain）就是受了雕塑家卡尔·安德尔（Carl Andre）在哈特福德（Hartford）的作品《石阵雕塑》（*Stone Field Sculpture*）的影响（图10），不过彼得·沃克在将艺术家作品变为自己的景观设计时融入了自己对景观的理解——将石头变小，石头之间的距离拉近，变得可以坐、可以靠，两个人面对面坐着可以交流——景观有了功能性，与人有了互动，从而与艺术作品区别开来（图11）。彼得·沃克的另外一件作品《双池》（*Twin Pool*）可以看出艺术家卡尔·安德尔的作品《铜银河》（*Copper Galaxy*）的影子。同样，彼得·沃克将它巧妙地"融化"在自己的景观作品中，成为一件景观艺术品。归零地（Ground Zero）项目中两个巨大的水景（图12），或许并没有受到雕塑家迈克尔·黑泽尔（Michael Heizer）作品《北，东，南，西》（*North, East, South, West*）的直接影响（图13），但巨大的向下的空间给人的感受还是有相似之处。设计师从艺术家的作品中寻求灵感，并将其与景观的功能、材料有机结合，充分考虑人的使用因素以后，就可能成功地将艺术作品转化成景观创作。

景观设计包含艺术的成分，但景观并不是艺术。艺术家会在几十年的创作里持续关注一种材料或者一个概念，对它进行深入的思考和探索而不用关心其功能性，但设计师总体而言还是和社会密切相关，大多设计作品还是和使用者的需求密切相关。场地会变，社会需求也会变，那么，一个设计师的作品的延续性在什么地方呢？或者说，设计师的作品需要有延续性吗？在纽约现代艺术博物馆（The Museum of Modern Art）

图10

图11

参观雕塑家理查德·塞拉(Richard Serra)的作品回顾展，让我们意识到一个原先没有想过的问题：设计师应该不断超越自己还是盯着一种东西、一个主题或一种手法不离不弃？中国的文化好像比较倾向于"大而全"，大家佩服和崇拜的人都是超人型的，十八般武艺样样精通。就像艺术家一样，设计师在设计生涯中需要不断地突破，但这种突破并不是简单地为了改变而改变。

图 12

理查德·塞拉从很早开始就在探索钢板这一素材。早期喜欢用黑色钢板，多是简单的二维平面——长方形面、三角形面、弧形面等；后期逐渐成熟后开始探索考登钢(Corten Steel)，形式上变成三维弧面（图14）。从他几十年的探索中可以看出明显的脉络和思考实践的持续性。当然，有的人看了，会觉得"怎么就这么一招用了几十年"。但如果仔细研究会发现，他其实一直在超越和挑战。之所以后期的作品能如此完美，让人如痴如醉，是基于几十年的探索，包括材料的选用，考登钢上的肌理，钢板和钢板之间的衔接，钢板的塑形工艺，等等。他可能一辈子只研究了一种东西，但真的是把这种东西研究透了，将其推到极致，成为人类艺术文明历程中有意义的一个积淀。

图 13

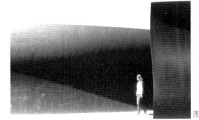

图 14

理查德·塞拉的极简是一种"任他弱水三千，只取一瓢饮"的态度。景观设计师很难持续几十年只做一样的东西，毕竟景观设计需要回应现场条件，不同的场地应该有不同的回应。有的人甚至认为，设计师在充分理解现场条件之前不应该进行设计。设计师需要根据现场做设计，但同一个场地，不同的设计师会采用不同的方式去解读，这个不同点恰恰反映了设计师个人的关注点。项目可以不同，场地可以不同，社会需求可以变化，但设计师关注的东西可以是一样的。只有设计师关注的主题是发自内心的，这样才有可能几十年持续地对一个东西进行探索，才有可能做出真正好的东西。从这个意义上来说，"极简"这个概念对我们来说更多地意味着一种价值观。

极简生活

老子说："五色令人目盲，五音令人耳聋，五味令人口爽，驰骋畋猎令人心发狂，难得之货令人行妨。是以圣人为腹不为目，故去彼取此。"其含义为：五光十色的花花世界令人眼花缭乱，长久迷失在里面，就会失去辨别颜色的能力，如同盲人；声音旋律振聋发聩，长期沉湎于此，也会失去辨别音色的能力，如同聋人；山珍海味吃久了也就尝不出味道来了，口舌都会因此而麻木；纵横驰骋于山野间弯弓涉猎，会令人极其刺激，久了心就会变得狂野；一心追求难得的东西会使人唯利是图，从而潜移默化地影响到人的行为方式。所有这一切都是外在世界对人的诱惑，因此对于圣人而言，填饱肚子、能够生存就可以了，不会去追求其他的诱惑，要舍其虚幻、存其精华。现代社会各种享受、各种服务、各种便利让人生活得极端的"富足"，但同时也丧失了对许多更重要、更本质的东西的感知能力，只有重拾极简的生活，我们才能去感知和欣赏生命中一些重要和美好的东西。

亨利·戴维·梭罗（Henry David Thoreau）在谈到为什么会去瓦尔登湖畔独居一年时，说道："我来到这片树林是因为想过一种经过省察的生活，去面对人生最本质的问题，看看是否有什么东西是生活必须教给我而却没有领悟到的，想知道假如我不到这里的话，当我临终的时候，会不会对自己并没有真正地生活过而毫无察觉。"和中国历史上的隐士不同，梭罗的独居生活不是为了逃避，而是为了积极地去探索生命的意义。匆匆忙忙的生活，为了应付各种所谓的需求而疲于奔命，现代人的生活状态需要多做减法，才能找到什么对自己来说更重要。

极简设计表面上看来是一种风格，事实上更是一种对生活方式的倡导。一片草坪，季相变化，光阴变化，不同的人群在不同状况下嬉戏休闲，可以成为丰富生活的舞台；一片简单的白墙可以展示树影婆娑、光影斑驳；一个林荫广场人来人往，闲坐消磨半日时光；一片倒影池坐看云起云落、花开花谢。极简设计倡导人们关注生活的本质，倡导慢生活，倡导简朴生活，倡导对自然中每一个细小元素的仔细品味，激发真正的审美。极简设计其实蕴含着对生命细微环节的关爱，在极简中蕴含着极大的丰富性。

九里云松入口水景倒影

"中式"极简的道与术[①]

——杭州九里云松精品酒店的改造与重生

1. 何为"中式"

如果从空间、形式、材料、色彩几个方面探讨"中式"的手段，后三项更加趋于表面，比较容易识别——例如灰砖，就是目前被普遍认为最具代表性的中式景观元素；再比如，门前做抱鼓石，庭院置拴马桩——这些都是专业或者非专业人士头脑中期待的中式景象。放置具有代表性的"中式"形象，是最普遍、最易于接受，其实也是设计过程中最为省时省力的做法。

"中式"，如果从表面看，其实具备某种根深蒂固的复杂性，与现代主义中的极简是背道而驰的。比如小到中国结、剪纸、刺绣，大到雕梁画栋、亭台楼榭，无一不是变化的、复杂的、多样的。正是这种形式上的复杂性往往掩人耳目，容易掩盖中式的精髓——意境或者情感上的关注与表达。

"中式"的精髓应该是创造一种意境。如果说用形式表达感受，问题是，形式是有限的，感受是无边的；形式是浅显的，感受是多样的。任何艺术——音乐、绘画，甚至舞蹈都可以比形式更好地表达精神感受，这也是建筑学在很久以前不被列入六大艺术类别的原因之一。形式如同工具，是设计的过程和手段，不是目的。但是在设计行业中，我们经常会被形式所羁绊，纠缠于形式的美与不美，在校的课程训练也常常以此为主。虽然熟悉、掌握造型会让我们更容易通过它表达精神的含义，形式本身始

---

①原文发表于《中国园林》，选编时作者对文字及配图作了删改。张东，唐子颖."中式"极简的道与术——杭州九里云松度假酒店的改造与重生[J].中国园林，2015,31(11).

终不是最终目标。从景观空间中体现"中式",才是我们一直想探讨的。我们努力要做的是中国的现代极简景观,是要去掉这些复杂表面,强调人与自然的关系,提取"中式"的内涵。

2. 景观与建筑的关系

景观是否需要与建筑有明确界限?景观应该是建筑的延伸?服从?衬托?在景观材料的选择、构筑物的设计上,经常会牵扯到这个问题。

当景观和建筑的关系非常紧密的时候,景观可以延续建筑的元素,用一样的材料,相近的颜色,重复或抽象某些建筑上的符号。当然这是最省事的做法,一般不会出现突兀、不协调方面的问题;

景观和建筑还有一种关系,就是共同营造一个空间及氛围。这时的景观或弥补建筑外部空间的不足,或二次强调其特征,使整个空间更趋完美独特。从空间的角度讲,建筑是竖向上的纵深,它越高给人的距离感越近,而景观是平面上的纵深,它越长给人的距离感越远。这两个维度给人带来的视觉影响以及空间感受是完全不同的,在质感、颜色上都是可以互补、衬托的。

在建筑密度太大的时候,景观对空间的影响很难发挥出来,因为建筑是纵向上进深,对场地的影响更大,对空间的控制更显著。即使如此,我们努力的方向仍然是与建筑一起创造独特的外部空间,与环境协调,不张扬但有个性之美。

无论什么样的形式,景观可以帮助人再次感受自然。通过墙上的树影——看到风的摆动;透过静水——看到树的波动;在绿色的草坪——看到阳光的透明度;听着流水声——感受落雨声。现代人,不管忙于什么,心闲不下来,看不到、听不到、触不到生命的本质。而人工的景观,即使不能向忙碌的人们敞开更多的自然,至少不能成为自然的屏障。这就是我们去繁就简的根本目的。

3. 中心庭院

中心庭院的基本条件是保留现场的三棵大树。看似没有或者很少限制的时候,设计反而不容易(图1、图2)。

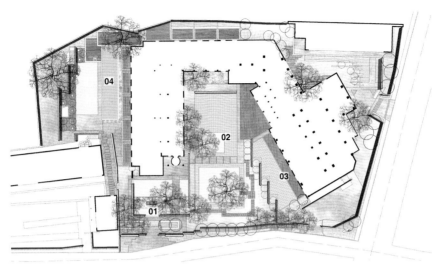

01 入口庭院　　　03 餐饮区庭院

02 中央核心庭院　04 泳池区后庭院

图 1 九里云松平面图

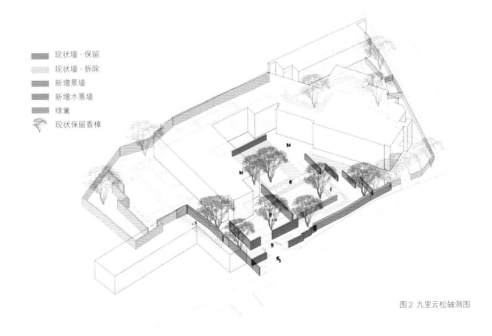

现状墙 - 保留

现状墙 - 拆除

新增景墙

新增水景墙

绿篱

现状保留香樟

图 2 九里云松轴测图

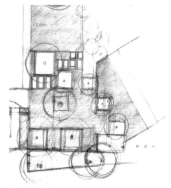

图 3 草图概念

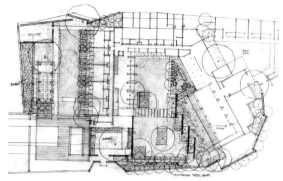

图 4 中心庭院过程手绘平面

在主体建筑三面围合的情况下，中心庭院显得相对封闭、狭小。比较了各种可能性以后，我们一致认为水院（倒影水池）最适合这里的尺度和氛围。给建筑一个简单的底面，水中的倒影可以让景观与建筑更加一体化、不繁杂，这是狭闭景观空间极简处理的方法之一。"几"字形的建筑围合空间还造成了景观空间的不规则，于是中心庭院的边界处理在不规则处就显得格外突出。几轮方案下来，都是在讨论中心庭院空间的平面形态、边界与建筑的关系，以及可能的材料、颜色（图3、图4）②。

4. 入口庭院

在九里云松改造前的功能布局中，现在的入口庭院位置是一个小型停车场。场地中间有一棵大树。为了不影响停车，枝下点被修剪得非常高。这棵树是现状树木中被要求保留的（图5，改造前的入口庭院）。

入口庭院的尺度仍然很小。由于功能需求，它还得相对封闭、四面高墙。于是，这一个小空间的景观特质又成了设计的焦点。全部是静水面形成倒影池的效果？草坪为主的、比较"干"的绿色为主的底面？小水景构成的某个视觉中心为主的趣味空间？

根据我们后来的经验，倒影池是好，但不是什么建筑形式都应该被倒映的，也不是什么场景都适合倒映的。九里云松这里的入口，四周围墙很高，空间的闭合度很强。景观应该是提供一个平台赞美建筑，但不宜过度称赞。假设在这里，美丽的建筑在地

---

②图3：有水就要有路，水上的路称汀步。想从水、建筑、汀步之间找出几个基本元素的逻辑关系。这个关系不是从现有条件直接推导的结果——比如因为建筑有一条斜边，所以庭院的形状不能为方，而是符合现有条件的自成一体的逻辑关系——为方的庭院有一条与斜边的建筑协调的边界。图4：简单的空间关系才让人感觉强烈明晰。强烈的概念，就是要明确地告诉别人这是什么，而设计本身仍然可以是温和的、舒缓的，这个强烈并不意味着热闹、花哨的形式。

面又重复了一遍，是不是就像一句好听的话被说了又说，反而没有分量？同时这个尺度的庭院在立面和地面两个维度上都撑满建筑，是否感觉东西堆得太满而不够安静？

小庭院虽然相对孤立，仍然是九里云松整体景观的一部分。它与其他庭院的关系仍然存在于一个大的整体概念之中。现在隐藏在草坪中的小涌泉，是否可以成为中心庭院大水面欲扬先抑的那个"抑"？（图6，入口庭院实景）。

另外，因为入口处的大树分枝点很高，人的视点很容易聚焦在粗大的树干上，我们把庭院的位置调节，让树的位置处在院角边，让它的树冠覆盖在小院的上方，给庭院以树荫，给地面、墙面以树影（图7）。

5. 大树的保护

按照风景保护区的规定，现状需要保护的大树有十几棵。在改造项目中，存在着这样几个问题：有的大树与建筑、院墙的位置非常贴近，施工过程中难免要受到伤害；大部分的树木枝下点都非常高，在近人的视点处，换言之，如果在靠近树木的地方，看到的都是一根根光秃、粗壮的树干，视觉效果并不好；此外，原来的院子，从建筑入口延至路边有一个不小的坡度。因此，院子必须做平，坡度被推至入口并用台阶和无障碍坡道解决问题，这样原来现状树的标高或高或低于场地设计标高，施工中不得不降低或者抬高树下的覆土标高。设计初期，即使在概念阶段，也需要充分考虑总体标高对大树保护的影响。我们做了一系列研究，主要验证设计标

图5

图6

图7

高需要调整到什么程度才能保证大树的存活，以及在各种不同的地面处理方式中如何与大树的覆土层结合。在美国，一般不建议改变现状树根部覆土多于30厘米；在中国，由于园艺技术不同，不建议改变那么多。实际操作中，中心庭院两棵树地面覆土被降低了十几厘米。

6. 边界的处理

景观的边界是设计的难点。即使是"边界"这个概念本身都很难界定。一般说来，在我们的设计概念中，边界通常指的是一个空间与另一个空间的转换之处，或者说一个空间的消失之处。从设计元素上看边界，有时会是讲一个空间如何结束，有时是向另一个空间转换时使用的手段（软质、硬质，甚或是另外一个过渡空间）。在九里云松项目里，由于空间局促，空间之间的转换，即边界，多数采用了景观墙，节省空间，同时也会显得比较"硬"。而院子里的这几道景墙，至今众说纷纭。在这里，选取最有疑问及争议的屏风墙略做解释。

图8

根据建筑室内的功能需要，"几"字形的建筑斜边一侧是VIP餐厅，需要完全的私密性，不能让经过中心庭院的人看到。所以这个餐厅的外部景观，其大小、密实度，换言之，与中心庭院用什么划分是设计的重点。与甲方、建筑师讨论下来，我们确定将设计的重点放在高三米左右的石墙上（虽然我们的初衷是矮墙，冷灰色调，与地面铺装一致。墙之间种早樱，或者紫薇）。在这个场景里，高三米左右的实墙会使本来就狭小的空间更加狭小，本来就密闭的环境更加封闭。但是坚持用矮墙又不能满足业主的诉求，我们一直认为，不符合使用者诉求的设计也不是好设计。它只是单方面满足了设计师在美学上的追求与欲望。

　　经过反复修改（最后的定稿是在施工过程中敲定的），设计的石墙为四段不连续的、与"几"字形的直角关系平行，但是段与段之间的错落方向与建筑的斜边平行。四段墙之间穿插布置种植池，用来弱化石墙的生硬。材料也同建筑，同样可以弱化墙体的孤立、突兀感（图8，从VIP餐厅向外看）。

　　时至今日，回头再来看这段屏风墙，我们仍然认为这部分设计虽然巧妙，但实属过度设计（over design）。我们经历的很多项目中，都遇到类似的情况——在诸多外部条件限制下，设计师只好在一个最不期望的设计方向上反复雕琢，想尽各种办法弱化它的缺陷。结果有时出乎意料，乍一看也不差，可能还会成为设计新颖的视觉中心，但是从设计的境界上看，却是匠气十足，而不是自然而然的成立，与我们设计的宗旨（设计不着痕）相去甚远。

古典的隐喻[①]

——宁波玖著里景观设计思考

1. 场地

玖著里位于浙江省宁波市城区，原为某工业办公用地。第一次现场踏勘见到的是拆迁后留下的遍地瓦砾，用地红线外高大的香樟行道树是原有工业办公区遗留下来的历史见证。午后的艳阳透过香樟树冠洒在道路上，形成斑驳的光影，给这片土地带来生机。

2. 传承

住宅建筑布置以后，留给景观以及会所的空间只有沿街道一块约5 000平方米的三角形地块。和甲方及建筑师初次交流后，各种名词涌入脑中：宁波天一阁、书院文化、大隐隐于市、天一生水等。核心认识是，设计要能承载这个有着深厚文化积淀的地方。记得日本建筑师隈研吾曾经说："全球化让世界变平，每一种文化都与其他文化竞争，我们这一代回到传统，恰恰是我们的竞争力所在。"[②]回归传统的园林景观，带给这个社区最好的，或许正是与传统的连接。连接传统，为了更好地面向未来。传统中有太多东西，我们这一代人没有来得及仔细品味，而我们的下一代可能根本不会有机会去接触。在传承过程中，我们避免逐字逐句地解读传统，应试图整体把握其精神和内涵（图1）。

①原文发表于《中国园林》，选编时作者对文字及配作了删改。张东.古典的隐喻——宁波玖著里景观设计思考[J].中国园林，2015,31(11).
②赵妍，隈研吾.国际大师在中国的作品令人失望[J].三联生活周刊,2013,8.

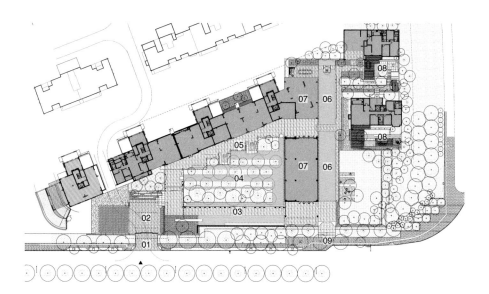

图 1 玖著里平面图

01 主入口	04 天一水苑	07 会所
02 入口广场	05 光影连廊	08 样板院
03 南侧连廊	06 静水长池	09 次入口

3. 度

李泽厚先生认为"度"是中国传统文化中最核心的概念③,"恰到好处"对于设计来说应该也是最核心且最难做到的。中国文化追求的从来就不是极致,而是"中庸之道",是"多一分则多,少一分则不足"。首先,我们关注的是项目整体氛围的"度":对于这个项目,最恰当的氛围是应该更安静一些,还是再热烈一些;是应该更古典一些,还是更现代一些;空间和细节是应该更丰富一些,还是更简单一些,符号性的东西多一点,还是少一点?其次,关注的是物质部分的"度"。在这里,"度"更多的是推敲设计时的各种细节。景观的物质部分的"度":各种尺度、虚实、材质、比例关系(图2、图3)。

4. 叙事

景观的叙事是基于受众和叙事者之间的共同语言。传统园林内的各种典故叙事,对于缺乏相关历史文化知识的现代人来说难以理解;而现代景观里各种有一定文化背

③李泽厚.己卯五说[M].北京:中国电影出版社,1999.

景的片段被嫁接在一个项目里之后，对于多数人来说，只能理解一个表面的含义，即"颜值"。有意思的是，"诗无达诂""仁者见仁，智者见智"与现代接受美学相似的传统智慧启发我们在一个园林里尝试进行多重叙事："天一生水，六龙献瑞"是基于地域文化的概念；"俯仰自得，游心太玄""俯察仰观"，俯瞰水中倒影与仰观斑驳树冠是基于场地印象；古松屏风、鹤羽纹、锦鲤等是对传统园林片段的回应。园林的多重叙事对于受众来说能理解到什么程度是无法控制的，但是为其想象提供了各种可能的空间[④]。

5. 节奏

中国传统绘画及园林讲究"虚实""全粹"的辩证关系。中国人的"空间意识是音乐性的"[⑤]，园林是节奏化了的自然，凭借虚实、明暗组织而成。玖著里的空间大小、明暗、开合、转折应该说是和传统园林空间经营一脉相承的。当会所用作销售中心时，为销售服务的空间流线和将来的居住动线，以及会所对外服务的流线都是不一样的。这就产生了一个问题，目前精心安排的节奏，随着功能的转换还能不能带给人好的体验？中国绘画、诗歌、园林的"节奏"是和时间的流动相关的，它不一定是一个从 A 到 B 的线性过程，它可以是循环往复，从任何一个地方开始，在任何一个地方结束（图4）。正如茶具上的"可以清心也"五个字，可以从任何一个字开始解读，从而得到不同的意思。

图2

图3

④ Matthew Potteiger, Jamie Purinton. Landscape Narratives: Design Practices for Telling Stories [M]. New York: John Wiley & Sons Inc, 1998.
⑤ 宗白华. 美从何处寻 [M]. 重庆：重庆大学出版社，2014.

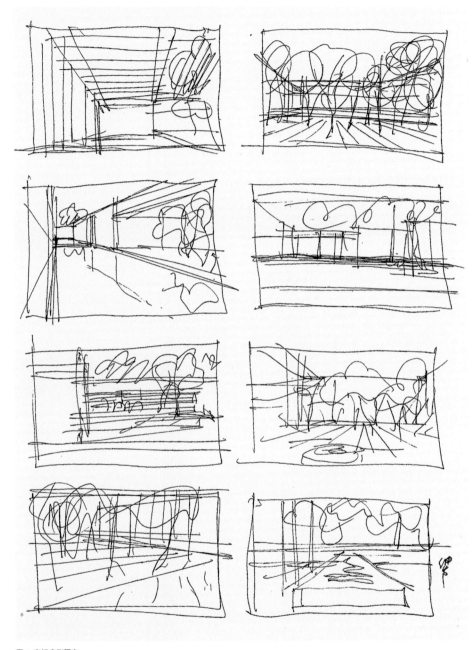

图 4 空间序列研究

图 5

图 6

图 7

图 8

图 9

图 10

图 11

图 12

6. 元素

　　传统意义上的园林和现代的景观至少在一点上是一致的：连接人与自然。不过，人类对于自然的认识一直在发展变化。人体直接感知到的自然和通过现代科技认知的自然是不一样的。我们希望通过园林景观，激发人对自然的感知、认识和欣赏，以弥补现代城市生活与自然之间的割裂，让人能更谦逊地对待自然。对我们来说，园林中的自然，既不是古典园林中的微缩山水，也不是某些现代景观中提倡的乡野田园景观，而是自然中更本质的基本元素：时间、光、水、木、土、石。

　　时间：时间大概是人世间最为根本的元素。讲述时光的流逝是园林中最让人感动的部分，通过人对自然的直接观察和认识——昼夜、日月、四季——感受时间在空间流逝的痕迹，感受到生命的流逝。园林本身也会随着时间变化而变化——树会长大，草坪会逐渐和青苔混合，中层小乔木由于日照不足会逐渐变得更加空透和飘逸。

　　光：光是万物之本，是能源，也是人感知世界的途径之一。光随季节变化而变化，随时间变化而变化。光线无处不在，但又很容易被人忽视。对光的感知需要借助一定的媒介。园林中的水面、白墙、缝隙、格栅、透光 U 形玻璃、半透磨砂玻璃、全透的玻璃窗，都可以帮助我们捕捉瞬息变化的光与影。

　　水："庭院虽小情无限，别有缠绵水石间""水是眼波横"，水是园林的灵魂所在，水是连接人与天空的媒介。由于水的镜面作用，人在园林中"俯仰自得，游心太玄"，低头俯瞰却又仿佛在仰视树梢和天空。"天光云影共徘徊""俯视清水波，仰看明月光""仰观宇宙之大，俯察品类之盛"。在这里，水不仅仅是一个被观看的对象，它更是一个观察宇宙和观照内心的窗口。它既是"虚空"，又是园林中最为丰富和活泼的灵魂部分。

　　石：石在传统园林中除了观赏功能之外还兼顾处理驳岸高差的作用。玖著里应用现代技术处理水系，因此将驳岸石全部简化。但还是设置了几处石景，或作为水源雕塑，或与黑松结合作为对景。

7. 空间

　　玖著里是一个南北向狭长的居住区。入口受规划条件限制位置已经确定，销售厅作为未来的书院要有对外直接开放的可能性。景观设计师与建筑师密切合作，共同确定地块内部的空间格局。

入口广场：沿街道3.6米高的围墙将社区内外划分，入口处在围墙的基础上增加了格栅廊架和门，加以强调。入口院子考虑到人行和车行的功能需要。对景景墙、景石、黑松、标识和台阶起到空间的转折和引导作用。院子东侧为透空金属格栅，透过格栅隐约可以看见东侧长廊（图5、图6）。

南侧连廊：入口空间转折后进入长廊。长廊一侧为U形玻璃围墙，由于材质的特殊性，在一天的不同时间光影变幻丰富。另外一侧为片段石墙，类似古典园林中的石墙漏窗，行走其中，视线可不时穿透到中央水院（图7、图8）。

天一水苑：作为核心区域，天一水苑是一个不能进入，只能从四周观赏的空间。类似于传统园林中以水为核心，四周是游廊的空间体验，天一水苑以水和林为观赏对象，可俯观倒影，仰观林冠。在周边有6个出水口，分别有6条宽窄不一的水渠将水引入一个靠近书院建筑的池中，回应"天一生水，六龙献瑞"的概念（图9、图10）。

静水长池：书院东西两侧均为水景，建筑仿佛漂浮在水中。和天一水苑不同的是东侧水景更加简单一些，南北方向空间尺度较大，天光、云影徘徊其中，成为东侧核心。

光影连廊：天一水苑北侧住宅建筑底层为未来社区的健身房和活动区，长廊和庭院之间有一个倾斜的角度。白天，南侧的光线通过半透明磨砂玻璃进入长廊；晚上，长廊里的光线透过磨砂玻璃透进林溪院。长廊和林溪院之间隔而不断（图11、图12）。

8.讨论

原研哉先生认为：把本土文化进行改善优化，使其可以与世界各地的人共同分享，将其纳入世界文化的广阔脉络，是非常重要的和值得思考的问题⑥。中国园林行业在"拿来主义"的道路上已经走了多年。虽然，行业内对本土文化进行的反思和探索也从来没有停止过，但各种"拿来"的思想和观念对行业产生了巨大的影响。我们希望能在积极吸收外来文化的同时，兼收并蓄，将两者能很好地结合，创造既是中国的也是世界的现代景观。

© https://site.douban.com/widget/notes/12516812/note/383985311/.（原文摘自MIND艺术美学杂志，2013年10月刊）

耐 久

Durability

耐久与生态

图1

彼得·沃克在谈到"自然"这个话题时，认为许多设计看上去自然，其实并不自然，而有的设计看着不自然，其实却符合自然之道。如果把这句话里的"自然"换成"生态"，或者"节能""环保"等词也是很有道理的。我们在美国为史蒂文·斯廷森（Stephen Stimson）先生（彼得·沃克的学生）工作时，有一次，史蒂文先生被邀请去一个生态论坛演讲，他不是一个追逐时尚、擅长唱高调的人，暗暗有些发愁现在人人大谈生态和可持续，而他始终只是做了自己认为是正确的事，同时也没在每个项目里大谈特谈关于"生态"这样时尚的话题。这时，他的夫人（哈佛毕业的一位受人尊敬的女建筑师）说："结实牢固的东西也是可持续的，做一次用上几十年，不返工、不浪费就是最生态、最可持续的设计。"史蒂文先生的设计的确就是这样，表面看没有特殊的雨水收集等生态景观设计手法，其实却是以耐久性、可持续性的角度体现生态（图1）。

的确，很少人会从这个角度来谈论生态和可持续设计，而这一点对于目前的中国是很有启发意义的。

社会上满眼皆是粗制滥造、临时变动的东西，虽然背后更多的原因是各种各样的非设计因素，但造成的浪费是很惊人的：刚刚改造好的马路因为要新埋管线、电缆又被掘开；新装修的商业门面过了一年又全部砸掉重头来过；美轮美奂的住宅销售中心房子一卖完就拆掉；几年前新修的大楼墙体开裂要重新修建。这些每天在各个地方发生的事件让人们已经习惯生活在一个粗糙而浪费的社会，并对各种因粗制滥造产生的浪费习以为常。

在这样的一个社会环境里，谈论生态设计首先应该考虑尽量耐久，无论是一个雨水花园还是一片挡墙，修好以后可以使用十几年甚至几十年，这是生态的根本。

也就是说，应该在设计之初就充分考虑到建成以后的耐久性问题，虽然可能在设计上会更复杂一些，在建设时会更费事一些，造价会稍微高一点，但如果能使用得更久，实际上会更经济、更环保。

质量耐久

张唐景观在成立的短短几年期间已经参与了好几个改造项目，这些项目都是在建成几年后就破败不堪，需要推倒重来。虽然对国内的项目建成后的耐久性早有了解，但几年前有一个改造项目还是引起了我们的深思。

这是一个地理位置很好的居住区项目，建成部分已经有居民入住，还有新的两栋楼将要开始销售。项目被整体转让给另外一个开发商，新的开发商认为需要把景观重新提升一下来提高新楼的售价。原来的景观大概是五年前由境外景观设计公司设计的，形式感很强，人工水景很多，但由于施工质量问题导致漏水严重，每开一天人工水景要花费上千元的水费，因此小区里各式各样的水景就成为形态各异的硬质铺装，再加上各种亲"水"平台，"水"中汀步，涉"水"小桥，整个原来以水景为核心的小区景观在没有水的情况下，池底暴露着各种出水管、排水管、灯具等设备，看上去像是没有完工的工地。

还有一些项目，比如说公园和市政广场，随着时间的推移，原来的设计渐渐不能满足新的使用需求，因此会有政府牵头进行改造；别的项目，比如私家庭院，也会在使用者发生变化后进行改造。但目前大量进行的社区建设，如果在几年、十几年过后，一方面景观破败需要改造，另一方面由于特殊的产权情况，改造必须经过业主集资进行，难度可想而知。我们接触的这个项目还算是很特殊的，由于房子还没卖完，新介入的开发商愿意花钱来改造，但毕竟这种情况实属少见，更多的社区会一直保持这种尴尬的状态而难以得到进一步改善。

美国的景观设计师面对的甲方要么是项目以后的所有者和使用者（私家项目），要么是项目周围的潜在使用者（公共项目）。设计的时候，甲方会相对比较关注耐久性问题，包括材料、工艺的耐久性和维护费用；而中国目前的开发项目，要么是政府主导，主管部门并不是使用者，多数情况下也不会让使用者参与到设计决策中；要么是开发商主导，目的是尽快销售出去，以后自己并不会成为使用者。通常情况下，甲方关注的更多是项目有没有"亮点"，能不能引人关注，有没有强烈的视觉冲击力，让人一见钟情、过目不忘，从而获得不同方向上的利益（基本上是短期的），对于几年、十几年以后的情况基本上欠缺考虑。

　　对于乙方设计师来说，既然甲方的关注点是设计的出发点和依据，自然对于项目的耐久性也就不太关注。但作为有些社会责任感的设计师，还是更应该关注项目使用者的长远利益而不仅是项目甲方的短期诉求。对于这一点，算是知易行难——首先设计师给自己增加了设计难度，其次两个利益之间一定会存在矛盾或顾此失彼的选择。实践中单凭设计师一己之力难以解决。

　　质量的耐久不外乎就这么几个要点：一、宁缺毋滥，宁愿少而精不要多而廉价。如果甲方的预算不足，宁愿少做点东西，也不要什么都要做，但每一样都做不到位。比如，宁愿少点铺装面积，也不要把 5 厘米厚的石材换成 3 厘米厚的；宁愿少做水景或不做水景，也不要不考虑后期维护而做大量经不起时间考验的水景。二、宁愿选择成熟、保守的工艺，也不要为创新而创新，采用工艺水平达不到的做法。在现如今移动互联网时代，信息碎片充斥，各种各样新奇有趣的景观设计图片随处可见，但是只看图片的结果大都是知其然不知其所以然，如果盲目学习新的做法而现实的施工工艺又达不到要求，项目的耐久性就会很成问题。三、设计符合材料的特性，顺势而为。设计师需要了解不同的材料，不仅石材、混凝土、钢都有各自的特性，不同的石材也呈现各自的特征，比如不同石材密实度、其表面宜风化程度甚至颜色也有所不同，晶体颗粒岩体和片岩在斧凿或者自然面中呈现不同形态，等等。只有真正了解材料，才能在设计中将其放在应该属于它的位置。

在做九里云松精品酒店的改造项目时，景观界正流行无边界水池的设计——从国外一些精品项目的图片看，平平的人工水面与远处的海平面连为一体，效果的确比传统上一个池子盛着总也不满的水震撼很多。甲方和建筑师都希望能做得更时尚一些，用流行的支架溢水做法。但我们考虑再三，还是决定采用保守、简单的工艺。因为无边界溢水的做法基于当时国内的施工工艺，只有水循环始终处于运行状态时，效果才会好。否则，如果夏季干燥时水量稍有蒸发或者因为水池浇筑不耐久稍有开裂侧漏，水位就会下降，导致更多的麻烦。在当时的情况下，传统工艺平实简单，使用起来仅需少量维护，更经得起时间考验（图2）。

功能持久

在质量耐久的基础上，需要考虑的是功能的持久性，否则就算质量还不错，但是当其不符合新的功能需求时，还是不得不拆掉重建。一个比较有意思的例子是纽约曼哈顿雅各布贾维茨广场（Jacob Javits Plaza）的几次改造更新：1969年，新建成的建筑前广场缺乏人气，甲方请雕塑家理查德·塞拉根据场地做一个原创雕塑，以提升场地的活力。至1981年，4米高40米长的《倾斜弧》（*Tilted Arc*）雕塑建成，并将广场一分为二。谁知雕塑建成后立即遭到很多反对，认为它遮挡视线而且不便于人流穿行。经过各种复杂的斗争，1989年雕塑终于被移走，广场恢复成原先的状态。直到1997年，甲方委托玛莎·施瓦茨（Martha Schwartz）重新设计该广场，即著名的"绿椅子"，该设计获得1997年美国景观设计师协会（ASLA）奖，方便使用而且很有新意。2009年，该建筑的地下车库需要更新，广场也同时被迈克尔范瓦肯伯格事务所（Michael Van Valkenburgh Associates）重新设计——在40年的跨度里，一个城市广场被四次改造不可谓不频繁（图3）。

大多数改造是因为换了甲方和使用者，原来设计的功能不符合新的需求，但雅各布贾维茨广场例外，它的建筑功能一直没变，始终是联邦办公楼。频繁被改造只有一个原因，就是设计没有满足场地的基本需求。

图2   图3

从甲方选择设计师的方向，可以判断业主对广场呈现的艺术表达比较关注，而这种潜在需求可能从一定程度上影响了广场的定位。记得听玛莎施瓦茨的讲座时，她谈到这个"绿椅子"的设计。当时她们征求办公大楼里工作人员对这个广场的期望，大部分人都说要有很多座位，可以中午时吃午餐。于是设计就被定位为提供尽量多的户外座位，然后用一种艺术和夸张的手法做了一系列的户外座凳。这种"客户需求导向的设计"让人联想起乔布斯说的话，他从来不相信什么用户需求调查，因为用户根本不知道他们到底有什么需求——直到他们看到这个产品。虽然这种说法可能有些绝对，但"绿椅子"项目的确从反向证明了乔布斯的正确。在设计时做市场调研或者问甲方需要什么，然后据此做出设计，这样貌似保险的懒人方法并不总是能挖掘出真正的场地基本需求。

一个场地的使用者随时间而改变，使用者的需求也会随时间而改变，但基于场地的一些基本需求却不会轻易改变。所谓基于场地的基本需求，是指符合场地特性也符合人的基本特性的需求。2005年，我们参加马萨诸塞大学一个由教授杰克·埃亨（Jack Ahern）带领的课程，其中包括为期两周的意大利之旅，参观文艺复兴时期各个著名的园林。其中的美第奇别墅（Villa Medici）让人印象深刻。建筑依山而建，依附建筑的系列台地园林简单干净，同时充分考虑到了各个方向的视线关系（图4）。四五百年以来，院子的主人换过很多，但可以想象，不管是什么样的使用者，这样的台地设计对其都非常恰当。的确，虽然人类在过去数百年中审美、情趣、生活习惯发生了很多变化，但还有许多东西并没太大变化，比如身高带来的尺度感受和空间感受，视力可感受的远景和细节，人类对阳光、风、森林、溪流、湖水等自然元素的感受。

图 4　　　　　　　　　　　　　　　　　　　　　　　　　　　　　　　　　　　图 5

　　纽约中央公园在设计之初考虑的许多使用方式已经不存在了，但作为一个城市公园，它随时间而变换功能，容纳和承载着城市新的生活方式，这大概得益于当初设计师将中央公园定位为"一个所有大众都能进入并使用的公共绿色空间"。100 年来，公园里面的许多设施变了，但中央公园作为第一个真正意义上的城市公园始终充满魅力，就是因为它满足了城市居民对这块土地的基本需求（图 5）。

　　因此，一个功能"耐久"的设计，首先要有一定的"宽松度"。表面上看要足够简单，实际上是提供了多种行为可能性的空间。虽然不排除有些功能性要求单一的场地设计，但是大部分情况需要避免单一行为，特别是从设计师角度臆想的行为。比如一个公园，如果以游步道和观景点为主体，那么人的行为就只有走路和观看，结果难免枯燥，尤其不符合现代人们对游憩生活的需求。然后是设计的出发点，不是各种各样的形式或者多么丰富的图纸效果，也不是设计者从外部"观看"这个设计，而是以使用者的行为为视点出发，想象在这样的空间与流线中，人的活动可能是什么，人的感受是什么，或者说设计者想让人感受到什么。

审美经久

　　许多项目在开始启动时甲方都要求"领先潮流 30 年"，希望"几十年不落后"，设计师在设计时就按最时髦、最新潮的做法做，希望能引领时尚很多年，不料往往事与愿违，建成没几年就显得落伍过时了。不少项目质量还不错，功能上也还过得去，但是手法或者材料显得太过时而缺乏吸引力，只好进行改造。所以，一个项目要想经得起时间的考验，在审美上也必须经久不衰。

人总是习惯性地喜新厌旧。看看时尚圈，每年都有新的潮流时尚，无数摩登人士追随其后，设计师们则挖空心思推陈出新博眼球。相较服饰而言，建筑、景观可算是奢侈品，造价高，工期长，经不起一年一番新花样的折腾，风格流变要缓慢得多，但终究逃不出"三十年河东，三十年河西"的命运。景观的风格演变所反映的绝不仅仅是一时的崇尚，在深层的意义上，它与材料、技术的变革，以及人们生活方式的改变紧密地联系着。我们可以说，风格是一个时代的审美。以法国凡尔赛宫为例，它的形式早已和现代主流审美南辕北辙了。现代人拥有了更先进的材料和技术，社会的价值观也经历了从集权到民主的转变。然而，凡尔赛宫并没有因为时代的变迁而变成劣等的审美，它仍然是法国古典主义风格最高的典范。许多现代主义设计大师，如丹·凯利、彼得·沃克、阿兰·普罗沃斯（Allain Provost）等，仍然不断地从中汲取营养。

追求审美经久，并不是要追求永恒的形式，而是要追求一种符合时代理想、经得起时代考验的审美。当今社会仿佛得了创新崇拜症，大家都喜欢与众不同、标新立异，都想证明自己的存在感。仿佛没有一个新的形式就不能叫设计。创新能带来活力，过度追求创新却是浮躁的表现。我们常常见到各种形式夸张的设计，一时间受到无数人追捧。但是为了吸引眼球一举成名而做的设计往往经不住时间的考验。商业项目需要吸引顾客，相对来说需要形式夸张的设计，因此也相对短命。第一眼的惊艳过后，公众审美疲劳了，或者口味改变了，便只好以另一种夸张的形式取而代之。相反，一些看似平淡的设计反而随着岁月流逝越来越有味道，如冯继忠先生在上海松江设计的方塔园堑道（图6）。或许，时间才是检验设计好坏的唯一标准。

拒绝浮夸，采用简单朴素的形式，专注于推敲空间本身带给人的感受，这在国内的大环境下需要一定的定力。但经过这么多年的发展、试错，我们应当意识到，时尚的东西不能耐久。不流连于创造各种夸张的形式，而是聚焦于对技术的逐步改良或者对材料的突破性应用，这是设计创新的本质，也是一种对社会更加负责任的态度。

图 6

　　艺术的审美在一定程度上是主观的，很难定义和标准化；美学又是综合的，可能涉及历史、文化、哲学等方方面面的领域。在景观设计学中，审美不仅限于形式美学，我们要更多地关注这种形式是否属于该场地或者周围环境，气氛合适往往比单独考虑形式美不美更重要。

中美景观营造思考①

——西郊 vs 柳树庄园

西郊会所是我们回国成立事务所设计的第一个项目，这部分内容也代表了当时刚刚从美国实践转换到中国市场的各种调适。时隔八九年中国景观市场发生了很多变化：一方面，快速的推陈出新、接受新观念，改良施工管理与质量；另一方面，受限于普遍经济和管理水平，当时的很多问题依然是影响现在的景观水平的症结。

柳树庄园位于美国新英格兰地区著名的度假胜地科德角 (Cape Cod) 的一个岛上——玛莎葡萄园 (Martha's Vineyard)。主人定居在伦敦，此庄园用来夏季避暑。女主人擅长骑术，热爱养马，所以在 12 公顷的用地中，大部分面积是马场（当地规定，一匹马所需要的户外饲养空间不得少于 0.4 公顷）。除了别墅周围的游泳池、温泉浴场、草坪等日常活动空间，该项目还包括室内跑马场、室外跑马场、观演台、驯马场，管家房舍等。主人还是现代艺术品的爱好者与收藏者。针对以上特点，我们希望庄园的景观是以新英格兰田园风光为底蕴的大地景观艺术品（图 1）。

史蒂文·斯廷森先生在美国的景观设计师中，是极简主义(minimalist)的代表人物之一。他对新英格兰地区的景观氛围的体会、场地尺度感的把握，以及对材料、细节的控制有着独特而严格的信条。设计方案往往要推敲到"多一笔嫌多，少一笔太少"的境界。

① 原文发表于 Domus，选编时作者对文字及配图作了删改。唐子颖．景观设计的实现 [J]．Domus，2011，12．

图 1

图 2

　　在他的指导下，别墅周围的景观形成了顺应坡势逐级而下的 4 个台地，上面 3 级是以草坪为基调，散种着白桦木 (Heritage River Birch)，最后一级是泳池露台以及更衣、淋浴、烹饪、烧烤等地方。一条约 15 厘米宽的跌水贯穿台地始终，最后穿墙而出，流向马场方向。跌水是用约 11 厘米厚不锈钢焊接完成，外层做黑色烤漆，在明尼阿波利斯 (Minneapolis) 的一个钢铁工作室 (steel studio) 制作完成后运到岛上安装 (图 2)。因为最后的泳池台地仍然比完成标高高约 2 米，泳池的一条长边同时具有挡土墙功能。在后期施工中，这片墙被分成两道：一道是泳池的池壁，另一道是真正的挡土墙。为了保持外观上的简洁，两片墙用了一个约 0.9 米宽的压顶。考虑到两片墙可能产生不均匀沉降，带来石材压顶的断裂，压顶只与一片墙之间做了黏合连接。

　　泳池的尽端是无边的 (图 3)。在沿着泳池通往温泉浴场的小路上可以看到一个约 2 米高的小瀑布在泳池尽端跌落。温泉浴场的技术在美国非常成熟。用大块石材砌成并带有腰部、腿部按摩功能。为了保持水温，还安装了自动伸缩盖。应主人的要求，温泉浴场放置在现状保留的橡树林里，以便使用者与自然密切接触。

　　室外跑马场围栏的设计灵感起源于美国近代史上对现代艺术贡献非常大的沙克村 (Shaker Village) 的围栏意向。由于女主人收藏的是来自世界各地马术冠军的名马，围栏的设计需要十分小心地考虑跑马的安全性：比如在传统围栏的顶部压顶以保障不会刮伤马匹；马场转角的地方设计成弧形——这个想法最终未能实施，因为把铁木

图3   图4   图5

（Mahogany）压顶弯成光滑的弧形违反了木材本身的肌理，需要投入格外多的经费。每根围栏从上到下由细变粗，间距由小变大，顶部倾斜收口并置以压顶（图4）。

跑马场旁边的观演台是一个可以容纳15人左右的土台（earth work）。土台的竖向是精心设计过的，其斜面与登上台面的石阶穿插在一起，就像每一石级最终都消失在草丛中。土台的上面布置了音响插座，由于布线隐蔽，没有任何设备暴露在外面（图5）。

驯马场是一个半径约9米的圆形场地。一般驯马师或站在中间用缰绳跑马，或骑在马上跑圈。驯马场的围栏通常是钢管的，比较简陋。在这里我们用了131棵欧洲鹅耳枥（Upright European Hornbeam）交叉种植形成一个绿色的植物围栏，里面使用细碎石铺装。鹅耳枥在长到一定高度后会被修剪成平顶。与观演台一起，驯马场成为整个庄园的两个极简的大地景观作品之一。柳树山庄从2005年7月开始做概念方案，到2007年初完工，历时一年九个月。

西郊会所项目是一个景观面积1万多平方米，由6幢会所建筑组成的私人开发的地产项目。该项目从概念方案投标到竣工历时一年六个月，是我们回国成立事务所后从概念方案到施工完成的第一个项目。

通过这个项目的完成，我们意识到了中国景观发展现状与美国的不同。希望通过以下对比能够做出公允客观的评价：

首先，中国的景观项目往往处于使用者缺席的状态。设计师在设计方案的同时需要提供任务书。换言之，中国的开发商／甲方经常不明确谁（who）、怎样(how)使用该场所。对于高品质的生活方式缺乏判断，往往不能正确处理自己在项目中的角色。比如，甲方关注的"样式"（确切地说是设计中的装饰），其实是设计中最表面、最次要的部分，并且属于设计师的职责，而对于场所的使用方法、功能需求应该由甲方明确；设计师需要花很多的精力为设计找"说法"，以期打动甲方，因此在概念深度的设计上来回反复，无法进一步深化方案。

柳树庄园的甲方通过对相关专业的了解选择了史蒂文·斯廷森事务所（Stephen Stimson Associates）。他们认为史蒂文做的景观正是自己喜爱的。确定后的设计师不会被要求改变设计风格。让一个简约设计做古典风格的设计在他们看来是荒谬的。我们在接手这个项目以后，很少要探讨这里的景观风格问题，乡村的大背景、现代极简的大地景观艺术对于双方都是不言而喻的。美国的甲方非常明白他需要什么，我们与甲方之间主要探讨的是什么东西多大，放在哪儿，用什么材料，等等。

其次，两个国家有着非常不同的消费观念。西郊会所是按照1000元／平方米的造价做的方案，施工招标是按照600元／平方米，实际做出来的效果可能造价更低。原因可能有以下几方面：

当经费超出预算时，我们的甲方更愿意在"看得见"的地方花钱，一些对景观质量非常重要的"隐蔽工程"往往被省略掉，比如倒影水池的水泵没有净化功能，请人打扫似乎比安装器械更容易让人接受（图6）；会选择便宜的施工工艺，比如更换部分种植土而不是全部，减少石材的厚度。被埋在地下或者贴在墙上的那部分石材厚度被认为是浪费，所以在不影响基本功能的情况下，材料总是越薄越好，即使很多时候没有超出预算，还是会"习惯性节约"（图7）。

柳树庄园的业主在经费超出预算时取消了一些项目。开始的时候他们曾经希望在马场里遍植地被草花，营造乡野气氛。但是地被草花是景观项目中的预算杀手（budget killer），所以业主最终选择了放弃。另外他们对材料的、耐久性非常重视，比如跑马场的围栏选用的是铁木，木质细腻，长期暴露在室外不容易起裂；而置于地下的木桩是红松木（Red Cedar），这种木头在地下的防腐效果很好。石材铺装的厚度最少为7.6

图6   图7

厘米。石头墙能干砌最好，比如柳树庄园入口的石墙用的是当地采石场选取的大块整石；如果需要混凝土结构，石材的贴面基本也是宽厚比接近。

最后，在施工管理上，柳树庄园雇用了总承包商(General Contractor，以下简称"GC")，作为甲方、设计方、各个施工方（比如泳池的专业施工方、石墙的施工方、木栅栏的工厂等等）的中间人，协调不同工种的交接以及时间安排。这个人往往极富施工经验，与设计师合作多年，了解设计师的个性以及对细节的要求，由设计师推荐给甲方。在时间安排上，GC会充分考虑不同工种施工的季节性（如种植需要特殊的季节）、施工操作面、不同工种的交接和穿插、对现场的保护（如对现状大树的保护以及方法）、各种材料的预定、运输和固放，等等。其施工效率充分体现在周密详尽的管理上。由于美国劳动法的保护，工人的作息时间得到严格保证，从来看不到工地上热火朝天的加班加点。但是项目就这样有条不紊、一板一眼地完成了。

西郊会所的甲方也非常具有管理意识。我们在施工过程中有第三方来担任类似GC的角色。在这一年六个月中，每周都安排了例会，每周至少有一次现场服务。即使这样，由于管理经验不足，景观方面的施工其实只有4~6个月。我们的承包商主要起调解纠纷的作用。比如景观的施工操作面被建筑外立面的施工占用了，他会去协调。管理方虽然一直在忙着解决问题，其实处于非常被动的状态。现场的混乱会导致施工质量下降，比如说现状窨井的位置没有及时调节，导致大树种植的位置不得不变动，有些设计师

图8   图9

不愿更换树的位置，只好让完成面高出地坪种植（国内的景观经常会看到这种现象，就是树坑高出地面，树的四周不能与地面齐平）；有些在建筑和室内施工完成前种植的大树，或者主干、枝条在作业中被损伤，或者没有成活。事实上，这个项目种植的成活率非常低，有些死掉的大树，在项目完成后由于无法吊装、补种，造成了整个设计无法弥补的缺憾。

从地球两端这两个项目的对比中，还可以看到中国景观建设中非人为因素带来的影响：资源匮乏带来的系列问题——苗圃用地紧张，种植环境恶劣，密度过高，所以植物往往长得营养不良，不够丰满俊美。再加上节约运输成本，移栽技术落后，苗木都被砍头后种植（这点往往被解释成了提高成活率），刚刚建成的项目看起来一片凄凉；大量廉价的低技能人工，形成了与美国完全相反的市场比价——美国的人工相对于材料非常昂贵，加之机械化程度非常高，所以在美国不会由人工砖砌石阶基础、景墙、水池池壁，再用很薄的石材贴面。所有这些都是混凝土浇筑。相反，国内的机械化相对落后。西郊会所中，所有需要特殊面层石材的处理，都是人工完成的。比如在旱地喷泉上干铺的板岩（图8），底面不能切平，如果踩在一块石板的一头，另一头会起翘；自然面的石材都是手打的，其高低不平的程度使得在上面驾车非常颠簸；需要"素土夯实"的草台一下雨就坑坑洼洼，上面的草看起来斑斑秃秃的，原因是我们没有大小合适的机械把基础层层夯实（图9）。曾经听过不止一位世界大师级的景观设计师在中国尝试过项目之后，正式或非正式地表态，以后不会在中国做项目。虽然具体原因不得而知，但是如此的工程质量或者做事态度让人望而却步肯定是根本原因之一。

通过在中国做项目的经验，我们会非常谨慎地做植草格铺装。这项技术在美国备受推崇并不断有新的技术研发，因为它在城市建设中具有非凡的生态意义——可透水性。在国内，植草铺装只是装饰，下面必须有混凝土基础，原因既简单又荒谬——因为我们不能把素土夯实。没有混凝土的植草铺装很快就变得坑坑注注，草或干或淹，无法生长；有混凝土的，结果不变——基础打实了，种植土就不够厚，草还是或干或淹。干铺（Dry-laid）只在施工图上出现，在现场却大相径庭。相反，在美国的项目中，尽可能地不用混凝土基础，生态的考虑成为每一个设计师的基本职业道德。

中国的景观设计师，如果不用操心这些最常识性的施工技能和作品效果，可以花更多的精力在设计的创新上，生态景观的探索上，人文景观的地方风格上。而不是生搬硬套通过各种媒介收集的国内外景观设计，金玉其外，败絮其内。

生态景观技术与艺术探索[①]

——万科建筑研究中心生态园区

1. 时代问题

生态与艺术之间似乎一直存在一个悖论：生态的景观是原始的，往往意味着杂乱、荒芜，甚至蚊虫滋生。与人们心中的艺术相去甚远。这种悖论导出了这样一个问题：景观是为了美化生活，应该更靠近艺术的方向，那么现在所提倡的生态景观是否与景观的初衷背道而驰了呢？然而，全球日趋严重的环境问题是无可回避的，尤其在中国。因此，当代景观设计师肩负着两个重任——做低能耗的生态景观（不仅仅停留在概念上，还要在技术上实现），同时满足人们的审美需求。

2. 项目背景

万科建筑研究中心，其研究重点在于住宅产业化研究，将成为主要进行建筑材料、低能耗，以及生态景观相关方面的研究基地（图1）。在景观方面将重点研发生态材料，例如如何将预制混凝土模块应用在将来的地产项目中、探索不同类型的透水材料、植物配植等。此外，这个项目最重要的是要探索如何将景观的艺术与生态结合起来，使生态景观成为可供欣赏、教育和参与的场所。因此，该项目是动态的，并且是可进行观察、修改的。我们希望可以摸索出一套适宜于中国当前的技术、经济状况的低能耗生态景观设计方法。项目于2010年正式启动，2012年大致完工，包括3个方面的核心

①原文发表于《景观设计学》，选编时作者对文字及配图作了删改。张东．唐子颖．生态景观技术与艺术探索——广东省东莞市万科建研中心生态园区[J]．景观设计学，2014，2(3)．

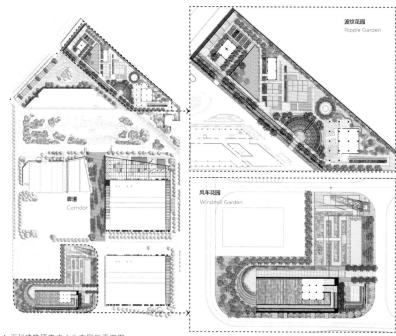

图 1 万科建筑研究中心生态园区平面图

内容：预制混凝土模块的研发与应用；景观生态水循环处理系统的展示；景观生态设计材料与手法的实验与应用。

3. 项目构成

3.1 预制混凝土模块的研发与应用

预制混凝土（precast concrete，以下简称"PC"）技术在欧美国家已非常成熟，应用普遍。从外观上看，预制混凝土模块的尺寸、颜色、质感，与花岗岩相差无几。同时，它有着显著的低能耗意义：首先，可以避免大面积矿石的开采。其次，在中国，由于施工技术相对落后，所有硬质景观铺装几乎都需要采用混凝土垫层。因此，只要采用硬质铺装——无论是用于车行还是人行——都无法实现雨水渗透。而"PC"的厚度很大，可以省去混凝土的垫层，从而加强了雨水向地面的渗透。同时，"PC"还可以进行异形加工，使得嵌草铺装成为可能。停车场、消防车道这些规范所要求的大面积硬质铺装，其视觉效果和生态意义都能得到提升。

除此之外，我们还设计了多样的"PC"户外构件，比如座凳、自行车架等。借助模具，其形式可以更加多样，同时具有更强的耐久性，可在中国未来的居住区中普及（图2～图4）。

3.2 景观生态水循环处理系统的展示

广东地区具有暴雨季、干旱季极度集中的气候特征。如果在这个地区设计雨水花园，就意味着暴雨季的大量雨水必须长期储存，以供旱季使用。如何保存大量雨水并保证其水质，成为这个地区雨水花园真正实现低能耗的关键。

因此，我们的设计就是让暴雨季节的大量雨水持续循环、流动起来，以保持水质。首先，32米高的风车提供了动力，将最初收集的雨水提升到建筑屋顶上，通过屋顶的雨水花园进行曝氧处理，直至跌落到地面的水池，实现初级净化；然后，雨水将流经地面上的植物净化系列水池，组织了参观、维护的通道和功能；接着，得到再次净化的水将通过一个检测阀，达到净化标准的水可以进入一个镜面水池，成为儿童嬉戏活动的场所，未达到标准的水，将重新回到水循环系统，再次进行净化（图5）。

以风能为动力，让雨季储存的雨水流动循环，不断净化，直至下一个雨季的到来。这样的雨水花园，尊重地域特点，以节能为根本，同时提供了教育、欣赏、娱乐的可能（图6）。

3.3 景观生态设计材料与手法的实验与应用

自然界的雨水通过降雨、渗透、蒸腾等作用而循环往复。但随着城市的建设，大自然最基本的循环被

图2

图3

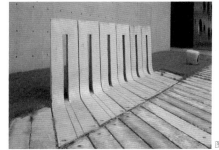

图4

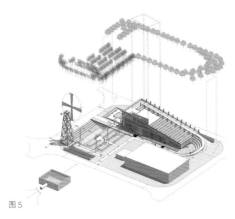
图5

图6

图7

粗暴地打断，雨水不再下渗而是被收集在地下雨水管网中，河湖得不到补充，地下水日趋减少，往往城市大涝，乡村大旱。

在本项目的两处地块中，我们尝试去了解：哪些植被或材料可以最大限度地使雨水渗入地下？什么方式可以帮助雨水下渗？在一处三角形的地块中，我们采取了植物实验，与低矮的灌木和草坪相比较，乔木因为可以延长雨水落地的时间，是雨洪管理中最有效的元素。因此，在这个地块中我们将乔木种植在三角形坡地的高点，与低矮植被形成对比和参照，由于坡地草坪会使雨水迅速流走，因此我们采用了波浪形的草坪，不仅从形式上提供了不一样的空间感受，在功能上也增加了雨水下渗的时间。草坪的坡度及波浪的坡度可以调整，从而实现最佳的渗透效果，而不会引起积水抑或流速过快。

在无法种植植被的区域，哪些硬质材料可以最大程度帮助雨水下渗？在半环形的地块中，我们对不同硬质材料进行了考察（图7）。半环形的波浪之间使用了不同的渗水材料（树皮、陶粒、碎石、细沙等），波浪的边界采用溢水设计，可供观察、比较不同材料的溢水量大小。

4. 思考

在中国目前的经济、技术水平下，如何来衡量什么是低能耗的生态景观呢？我们认为可以从三个方面来思考：

4.1 最少干扰

在举国上下大兴土木的今天，要摒弃统一粗暴的做法，不能仅仅推山填湖，做好混凝土的基础，建好地下车库,最后堆些土,种些花草。景观不只是一个装点门面的行业。如果在规划报批过程中,对于"绿化率"这项指标,其"绿化"仅泛指有植物的地方,这一指标实则是流于表面。例如,目前居住区绿化常用的是相对落后的排水方式——把种植区的水排到硬质地面边缘的排水沟内,而相对生态的做法应该是尽量使雨水下渗,这样才能最大限度地补给地下水。对于一个实施性项目而言,其生态性需要从项目整体的角度来衡量,是否对于现有的生态环境带来"最少干扰",而非以最"绿"为标准。

4.2 持久性

如果景观项目仅仅盲目地追求短期效益,就会带来巨大的浪费。我们能否使景观更加持久、结实?实际上,这一点与项目成本无关,关键在于要去除"繁荣"的假象,去除"镶金镀银"的表面功夫。除了为开发商服务,我们还需要以基本的职业道德把设计指向使用者。

4.3 简单设计

我们提倡极简设计的初衷,是出于对干净、纯粹事物的热爱,而这种设计理念的本质也正是生态概念的本质。简单,首先意味着要去掉装饰,因为任何装饰的实质都没有指向自然、生态;其次,反对为设计而设计,即设计的目的要明确,去掉不必要的手段和技巧,去掉烦琐的材料变化;最后,简单也包含着顺其自然的含义,生态的事物一定不是强硬的、扭曲的,而应是符合场地、符合自然规律的。

景观设计的精髓不在于创造了如何惊人的形式,亦非展现设计师的个人价值,而是我们给社会提供了什么,可以让人们更健康、更富足地生活。

访谈：理想生态景观①

1. 您能谈一下和这个项目的缘分么？项目目前的运行情况如何？

2010 年，在我们回国的第二年，正式接触到万科建筑研究中心这个项目。核心区景观是日本设计师户田芳树做的，我们做的是其余的部分。做非核心区景观有一个好处，就是甲方的高层没有那么重视，设计师的自由度相对大一些；不好的地方是成本控制相对核心区太低，施工质量就会比较差。

这个项目里有很多生态概念是需要后期的管理和监控的。在这方面，生态雨水花园部分做得还好，至少植物做过一些维护，但是其他两块与我们初期设想的效果相差比较大，没有监控数据作为后续使用的依据。

2. 设计既要使景观达到最佳效果，还要实现水质的净化以及生态效益，那对于植物种类选择和植物配置您是如何考虑的？

这部分的工作必须和专业人士配合。我们的工作范围是明确在哪里需要什么类型的植物，比如在屋顶的植物观赏的需求是次要的，主要是耐湿、防旱、净化功能；二次净化池里的植物需要多样性、观赏性、有净化功能的湿地植物。我们还会在植物高矮层次、色彩搭配上有要求。在具体的植物品种选择上，我们会提供一个苗木表，然后由本地专业的植物研究者提供修订。

必须强调的一点是，作为净化水质的生态植物，后期维护是非常重要的，而且成本也相当高。这一点即使是在美国，也还是一个有争议的话题。我们设计、建造出来一个生态花园，其实只是做了一件事情的第一步。

3. 您如何看待项目中的材料创新？ 比如混凝土利用的无限可能性，在此之前您有做过这方面的研究和实践么？

我们一直希望在国内有机会做一些材料创新方面的设计。特别是预制混凝土（"PC"）的潜力的确是无限的。在这个项目的初期，草图上画了很多 "PC" 的座椅、花坛、自行车架等室外构件，如何模数化、现场拼接，根据不同场地做相应的变化，我们都做了很多思考。如果 "PC" 可以产业化，中国的户外景观产品会上升一个档次。

①原文发表于《建筑知识》，选编时作者对文字及配图作了删改。受访者：张东，唐子颖.万科建研中心生态园区[J].建筑知识，2015，35(5).

之前在美国工作的时候，接触过很多"PC"。这个技术在当地非常成熟，有很多材料商不断地研发、推陈出新。在市政、街道、广场这样的公共景观项目里，"PC"的耐久性和品质感都能达到一定的要求，应用比较广泛。而且只要"PC"做到一定程度，骨料的大小、颜色调配合适，就可以和石材以假乱真，是很多建筑师钟爱的材料。

4. 您心中理想的生态景观是怎样的?

真正的生态景观不同于一个自然景观，它一定是与人和谐相处的、包括人类活动在内的健康系统。在中国，自然环境是如此高负荷地承载着高密度的聚居人类，那么，孤立地建立一个自然生态系统是没有意义的。理想的生态景观一定具备社会意义，与人类的文化艺术相结合。这是我们景观设计的理想和目标。

5. 您以前在美国留学，我们想了解一下美国和中国在景观教育方面有何异同?

中国景观教育大致有三个方向：建筑方向，比如"建筑老八校"里面的景观专业；园林方向，比如北京林业大学、南京林业大学以及其他一些农业大学；环艺方向。每个方向出来的学生受过的基础教育都不一样，各有侧重。比如，建筑院校出来的学生基本不懂植物，园林方向出来的不会竖向，环艺方向出来的只有在造型上比较强。在刚刚进入工作岗位的时候，需要补不少课。

在美国，假设是分别从明尼苏达大学和麻省理工学院的景观系毕业的两个学生，受过的训练基本是一样的。只要是从美国景观专业认证的学校毕业，就具备一些基本的专业技能，工作上手比较快。而且只有从这些院系毕业，将来才有资格参加景观师的认证考试。学校的资格认证，需要每几年由专业机构评估一次。

当然，每个院校也会有自己的特色，比如罗德岛设计学院(Rhode Island School of Design)倾向艺术，宾夕法尼亚大学在詹姆斯·科纳 (James Corner) 的影响下比较倾向宏观概念、城市设计，等等。另外，美国景观专业中的植物教学是分区域的，所以从东部地区景观院校毕业的学生学的是当地的植物，中部地区学的是草原类型的植物，西部地区和南部地区也各不相同。将来的景观师认证资格也是按不同的州划分，需要参加各个州的考试，才能拿到该州的从业执照，才可以为这个州的项目盖章。

6. 张唐景观最近在做什么? 未来有什么样的规划?

　　我们最近一直想在每个项目里倡导生态景观, 根据条件不同, 做不同程度的雨水管理、生态教育等。但是常常是我们有了不错的想法, 甲方也想做, 但是没有能够进行下去的办法, 比如材料找不到, 施工队不会做。所以从2014年开始, 我们成立了自己的艺术工作室, 主要就是想弥补市场的不足, 我们自己把市场上的资源组合, 让一

些有意思的概念真正地实现。

　　生态和艺术，是我们始终关注的。我们希望通过每个景观项目，帮助中国人建立
自己的自然观。这是一个非常有趣的话题，有着无限的可能性。我们也整理了多年的
实践和思考，希望将来可以与大家分享。

共 享
Sharing

现代社区

曾经看过一张照片《美国梦》(*American Dream*)，是一张从直升机上俯瞰下来的场景，时间大概是在 20 世纪六七十年代的美国，一个很大规模的郊区社区建成，所有的住户在同一天入住，每家一栋独立住宅，一两辆汽车，场面非常壮观。几十年过去了，当年发生在美国南部的这些场景在中国又重新出现，不同的是巨大的新建成社区的密度比美国要大上很多倍。2011 年，中国的城镇人口占总人口比重首次超过 50%。尽管还远低于西方发达国家的水平，但是再往过去倒推三十年，这个比例还不到 20%。也就是说，在过去的三十年间，上亿户家庭从乡村进入城市，住进了类似的各种高密度社区。

从生态节能的角度上来说，高密度的城市化必然比分散的乡村社区或低密度的美式社区要更加节能，也更加节约资源。因此，目前这个还将继续进行下去的前所未有的城市化过程在提倡可持续发展的社会中意义重大。不过，我们需要认识到，城市化不仅仅是一种空间形态上的改变，事实上它改变了这个社会上人和人的关系。

中国传统的乡土社会，不同的村落往往有着地理隔离，之间的交流相对较少，但每一个村落内部却是自成一体，长期共存的地缘、血缘关系造就了一个个稳定的村落社区，它们是构成乡土社会的基本模块。低流动性的聚落在日复一日的历史长河中沉淀出一套约定俗成的礼制秩序，这种环境会在潜移默化中影响人的生活习惯。在乡土聚落空间中，祠堂、鱼塘、打谷场、山林空地、河滩等村民共享空间是乡土聚落的联系纽带。在中国改革开放之前的城市形态中，各个自成一体的单位大院是构成城市的基本模块，它虽然不具有传统乡土社会的礼制秩序，但是由于工作关系代替了血缘关系，"大院文化"也保持一种特有的秩序。计划经济时期的低人口流动性也为大院社区文化创造了条件，食堂、礼堂、电影院、医院、健身体育场地、文化广场等共享空间成为社区文化的载体。

过去三十年的快速城市化发展打破了原有的城市社区"大院文化"和乡土传统"村落文化"，却没有来得及在同时期过渡形成现代的城市社区文化。一方面原因是城市社区较高的人口流动性，另一方面是在过去的城市化过程中，上至决策者、下至规划师、设计师，大家的注意力都放在了社区的物理形态方面，很少有人关注精神层面的社区文化等。我们认为，一个好的景观设计应该可以在提高城市高密度社区里生活品质和促进社区文化建设方面起到非常重要的推动作用。

公共和私有

人性本来就偏向于利己。每个人若能自觉地自扫门前雪而不影响到他人，可以算是一个比较文明的社会了。费孝通说中国人是"自我主义"（不同于西方讲求平等和民主的个人主义），一切价值是以"己"为中心的。中国传统社会是一个偏于"私"的社会，维系着社会的道德也是由"推己及人"而来。士大夫的推己及人是"修身、齐家、治国、平天下"，值得注意的是，这个序列从"家"直接跳跃到了"国"和"天下"，中间并没有社会。虽然古代贤达文人有"先天下之忧而忧，后天下之乐而乐"的情怀，但整个社会实际上是缺乏公共精神的。普通人与社会的联系主要限于血缘与地缘关系，除此很少有更多的公共生活和公共意识。

这样的社会文化稳稳当当地延续了千年，到了近现代社会变革之际，忽然来了一百八十度转弯，从"私"文化忽而大踏步迈进了大公无私的"共有"文化。经历了计划经济时代，认识到不合时宜的大公无私实在不符合人类的天性之后，我们又迎来了改革开放，市场经济迅速发展，"私"的地位随之重新崛起。然而，也许是曾经过度强调"公有"，如今又奔向了另外一个极端，现在的境况是遇着可以私有化的机会，绝不愿留给公共——这仿佛是"私"对"公"的一种报复性反扑。

从社区的发展来说，传统乡村聚落包括私有土地宅基地和一部分公共用地，比如祠堂、河道、水塘、风水林地、街道和广场。改革开放前的几十年，理论上来说，所有的土地都归国有或集体所有，私有被极端地压缩。而在随后的城市化进程中，理论上土地还是归于国有，但开发商为了迎合人们对于私有的强烈需求，用各种办法尽量把社区空间先从城市空间中割裂出来，变为一个个的管理规范、戒备森严的"高档小区"，在社区内部，再进一步尽量多地将空间划归为私有空间卖给各个业主，公共空间被前所未有地压缩和"私有化"。政策一刀切，民众在左摇右摆的政策中寻找纰漏以满足各自或合情合理或利己的策略，在公共与私有的两极之间始终没有找到合适的定位。

一个个新建的社区对城市而言仅仅意味着沿街道的围墙，社区内部的绿地率不管有多高都没什么意义，因为非社区内部的人既看不到也进不去。按这种方式建成的新城区单调无趣，不能给城市活力做出任何正面的贡献。对于社区居民而言，社区孤立于周边城市环境。由于公共空间被各个私有空间瓜分得只剩下一条漂亮精致的"回家的路"，居民之间的交流也被最大限度地压缩，居民之间也处于各自孤立的状态。极端缺乏共享空间的居住区环境和这些年出现在各个城市的"群租房"情况很相似：在高密度的大都市，针对高流动性和低收入人群的群租房，将住宅分割成若干小间并分别出租。正常户型中的客厅、餐厅、厨房、卫生间等公共空间被划分殆尽，只留下狭窄的过道。为了避免共享行为可能造成的麻烦，每个房间都配备独立的卫生间和电表。这样即使同处一个屋檐下，不同租客之间也不会有任何交流。通风、采光、安全隐患、心理健康这些问题都被忽略，因为无论房东还是租户都只把这里当成一个临时的落脚点，而不是需要认真经营的家。在这样的一种"临时的"、极度私密的环境里，社区文化比较趋向于负面的社会心理状态：过渡防范、攀比，甚至激进、仇富等。

对于一个城市来说，如果每一个社区都不想和别的社区共享空间，城市就会变得单调无趣，缺乏生机；对于一个社区来说，如果每一个住户都不想和别的居民共享空间，社区就会变得枯燥乏味；对于一个租户来说，如果每一个个体都不想为公共空间支付房租，居住环境就会变成没有人情味儿的"群租房"。不管是对于城市还是社区，处处以私有为目的的私有化或许能带来短期的私人利益最大化，却并非可持续发展之道。一定比例地共享资源可以让更多的人受益，符合人类聚集生活的心理健康需求，并带来社会整体利益的提升。

共享重塑社区

不论是传统村落还是单位大院，都属于"熟人社区"。熟人社区的意义，一是社区成员之间通过长期接触建立起情感维系，对社区有一种归属感；二是熟人实质上也是一种约束性力量，无形中相互监督，对所有人都形成一种行为规范。熟人社区形成的一个重要基础是人口的稳定性。现代中国社会却偏偏存在着人口高流动性的特点，人们走在熟悉的道路上，举目皆是陌生人。遗憾的是，我们身处这样的社会状态下却无法改变整个社会的流动性，正如我们甚至不能预测自己的流动性。没有血缘或工作上的联系，人们仅仅是因为购买了同一个小区的房子而聚居在一起，或是因为能够负担同一个小区的房租而聚居在一起，不久又在各自不知情的情况下分开。这种动荡的临时性，使得人们不用为自己的行为负责，不愿为长远利益投资，更加不会关心不属于自己吃饭、睡觉的一方天地以外的各种事宜。

再回头看看传统村落和单位大院，除了低流动性带来的安稳，还有一个重要特点是它们都保留了一些共享空间，不论是祠堂还是礼堂，不论是简陋的打谷场还是电影院前的广场。这些共享空间是人们相互交流的基础，也为社区居民由"生"转"熟"创造了机会。作为景观设计师，对于城市的建设和发展，我们既没有决策权也没有话语权，更加无法左右整个社会的流动性，但是在可以操作的范围内，如果从提倡社区共享出发，可能由共享空间催化出熟人社区文化，在充满陌生感的城市中创造给予人安全感和幸福感的社区。

中国的社区是一种介于花园和公园之间的空间类型。与公园相比，它有一定的私密性，只对社区居民开放，需要更加安静、更加生活化。与私家花园相比，它拥有更多的共享空间，而正是这些共享空间使得社区生活更加丰富，使得不具有血缘关系的社区成员得以体会这个冷漠的现代社会尚存的温度。社区的魅力即在于此，而社区文化形成的关键正是在于景观设计可能给予公共空间的创造。

社区并不是由一个个单体的家简单拼凑组合而成。社区的英文"community"词根有"共同"的意思，中文中的"社"亦指明了"社会性"的含义。家庭之间、人与人之间相互以某些共同的东西联结着，才称得上社区。实体的建筑——我们的家宅，是非常私密化的家庭和个人空间，而广阔的户外空间才是社区的"社会性"价值得以发挥的场所。人类是需要交流和沟通的，小孩喜欢在小孩多的地方玩耍，在交流和碰撞中健康成长；老人惧怕孤独，渴望有同伴一起聊天、晒太阳或者跳集体舞。然而，在一个以"尊贵感"为目标、只有路径和密密麻麻绿化的社区环境里，这种集体活动是无法实现的。如果是社区"实实在在"的居住者，他们需要共享一片草坪，放风筝、晒太阳、野餐；孩子们共享一个沙坑，一起堆城堡；老人们共享一片树林，在林下乘凉、聊天；妈妈们共享一片菜园，一起交流种植经验；大人小孩都可以共享一个广场，一起练习滑板、玩旱喷，还可以跳广场舞……倘若这些空间基于个人利益被全部划分给私人，或者缺乏使用功能而仅仅是一片绿地，那么一切的活动都无从发生。得到充分使用的空间，因为维系了使用者的感情，也将得到更好的维护。人与人的交流、互动可以逐渐生成社区文化，发展出所有者的主人意识，让社区成为人们更有归属感的家园。

　　建筑师刘家琨的西村大院设计，阐述的是对他熟悉的大院文化的一种回归。现在的一些社区，甚至城市片区也逐渐越来越重视社区文化的建设，希望在现有的社会结构基础上，形成有归属感的现代城市家园。

良性社区管理

　　一个典型的中国居住社区，开发商在拿到土地后开始着手规划设计，满足容积率、消防、限高、绿化覆盖率等各种指标，算好经济账之后，社区的基本空间形态就已经确定。建筑师大多也只能按照市场需求做好户型和建筑立面，剩下的工作空间就交给了景观设计师。这就是我们在"市面"上经常见到的千篇一律的、一排排房子的社区形态。事实上，物质性规划到了这一步，我们可以改变的决定性的空间形态已经所剩无几了，只是在夹缝中再度思考，最后怎么做才可以让景观提升这个社区将会有的社区文化？

社区的售价和定位会对入住的业主有一个初步的选择，一个社区的居民会有相似的经济状况和文化层次，相似的教育经历和审美情趣。如果通过设计的引导和激发，良好的社区文化会很容易形成。社区景观设计的初衷如果抱有善意，强调设计连接人和人，鼓励人和人的交往，社区文化会往善意、和谐的方向发展。

新建社区景观的设计阶段，居民尚不存在，使用者对功能上的要求不能参与到设计当中。一个社区一旦建成，将会持续服务社区很多年，很难想象凭借设计师几个月的设想，能满足众多居民多年的居住使用需求。因此，好的社区景观应该是能持续改造的景观。然而，目前社区改造、维修基金的使用有严格的限制，要对一个社区景观进行改造难度很大。可以想象一下，在一个社区里，景观和人的日常生活是多么的密不可分：老人有打太极拳、遛鸟、聊天的团体；青年人有瑜伽、亲子农场的社团；小朋友也有自己一起玩耍的小伙伴。整个社区的居民都通过社区景观提供的各种场地、各种活动连接起来。只有这样，居民才会对社区景观有责任感，才会主动参与到其中来管理、维护和改造。否则，社区景观就只是物业公司需要花钱管理的对象：水景维护费用太大，不开；草坪维护费用太大，不准上人；活动器械坏了维护费用太大，关闭。居住区里的景观没有持续使用的可能，日趋破败，最后只能成为摆设——典型的最初设计意图得不到使用者回应的历史见证。

2013 年，我们参与了海南长乐居的一个以度假、养老为目标市场的社区景观规划设计 (图 1)。在这里，我们提出了互动网络的概念。虽然项目位居海南岛上一个并不起眼甚至有些偏僻的保亭县，12 公顷的长乐居可谓中国典型的城郊高密度社区。设计中，我们尽可能减少了土地发展对环境的影响，从而实现环境以及生态的可持续性。同时，居民的日常生活与精心设计的景观在场地中有机结合，这也将加速在社区中形成社会的可持续性。

同时，这个案例同时让我们意识到，飞速的城市化进程正在对中国的 13 亿人口进行地域性的重新分配，并给环境和社会带来了史无前例的挑战。城市郊区的生态系统常常因为居住空间的发展而被替换掉，新建的高密度社区很快被城市新移民所占据。这些城郊社区的发展从大方面着眼，需要考虑实现环境和社会的可持续性。

比如海南，现已成为东北三省一些居民冬季的常驻地。大量的新"移民"在这个气候温暖潮湿的地方开始延续抑或重建自己的文化与生活环境。长乐居坐落于海南保亭市郊，预计将会有超过 1 万人在未来四年后居住在这个只有 12 公顷的山林地中。在大小、密度、规范和政策方面，这都是一个中国典型的城郊居住社区形态。我们的景观设计主要面临两个挑战：一是当地生态系统和水文系统将会发生颠覆性改变，景观设计师如何减少浩大的建筑工程对原生的自然生态系统产生的不良影响？二是景观设计师需要挑战如何在如此高密度的社区中满足未来超过 1 万人的日常需求。

为此，我们提出了"互动网络"的概念，其中包括自然网络、社交网络以及交互系统。它们之间或平行或交叉，共同服务于社区整体的景观系统（图 2）。

其中的自然网络包括：第一，地形与坡度。高程设计对于在场地中建立恰当的自然系统是尤为重要的。高程设计需要实现三个首要目标：考虑车流、人流动线和场地设计；对地表径流进行管理，使之满足水景同时起到娱乐和场地排水的双重作用；保护生物栖息地以及生物多样性。

第二，水文与水景（图 3）。场地通过综合性的策略来实现水文设计的作用。由于中国没有针对场地设计中雨洪管理的强制性法规，我们需要说服开发商在社区中采纳雨洪管理项目。通过项目的实施，雨水的回收利用在增加社区价值的同时将降低景观水景的维护费用，同时也丰富了社区的生物多样性。

第三，植物与生物多样性。非常遗憾的是目前中国大部分施工建设都是粗放型的。不仅仅是因为施工机械的粗放单一，主要还和施工管理的认知水平有关。特别是大部分负责初期"清场"的施工队，他们无法意识到山上或者旷野里原生植被的价值，而一味地认为"城市化"的、后期人工操作的种植，才是美的、有意义、有价值的。长乐居粗放式的施工会清理场地中 90% 的植物，我们不得不花费很大的精力，使用新移栽来的特定本土植物对水质进行净化，以及重塑生态栖息地。

一个共享的系统 ｜ 城郊扩张

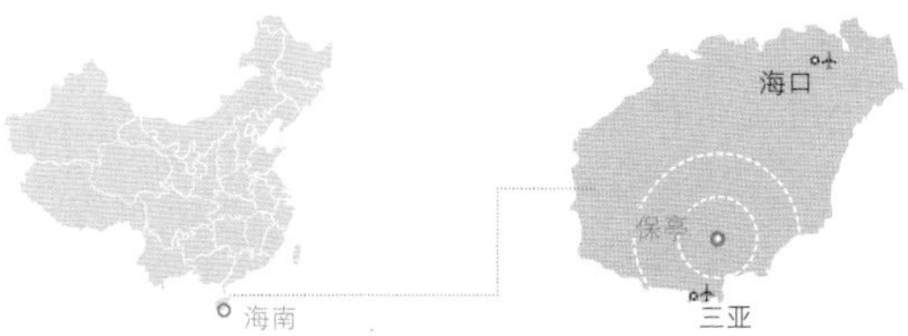

海口

海南

保亭

三亚

场地现状

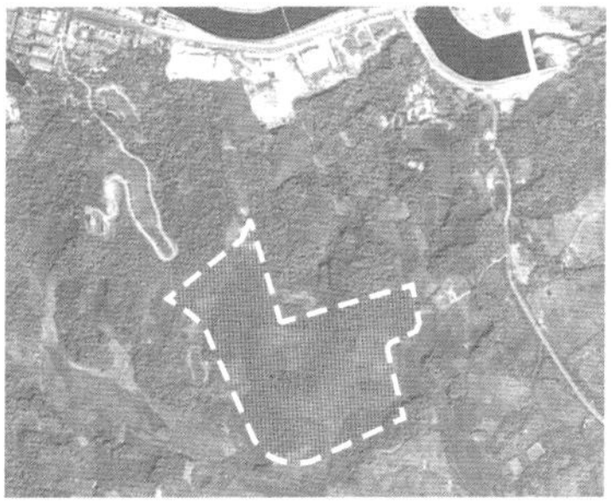

场地卫星照片 @ 2005

场地卫星照片 @ 2013

正在施工的未来社区住宅楼

图 1

互动系统 ｜ 人与自然共生

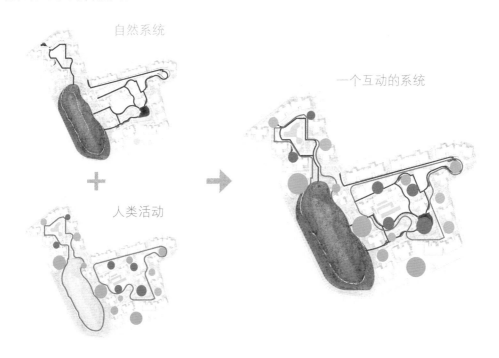

自然系统

人类活动

一个互动的系统

图 2

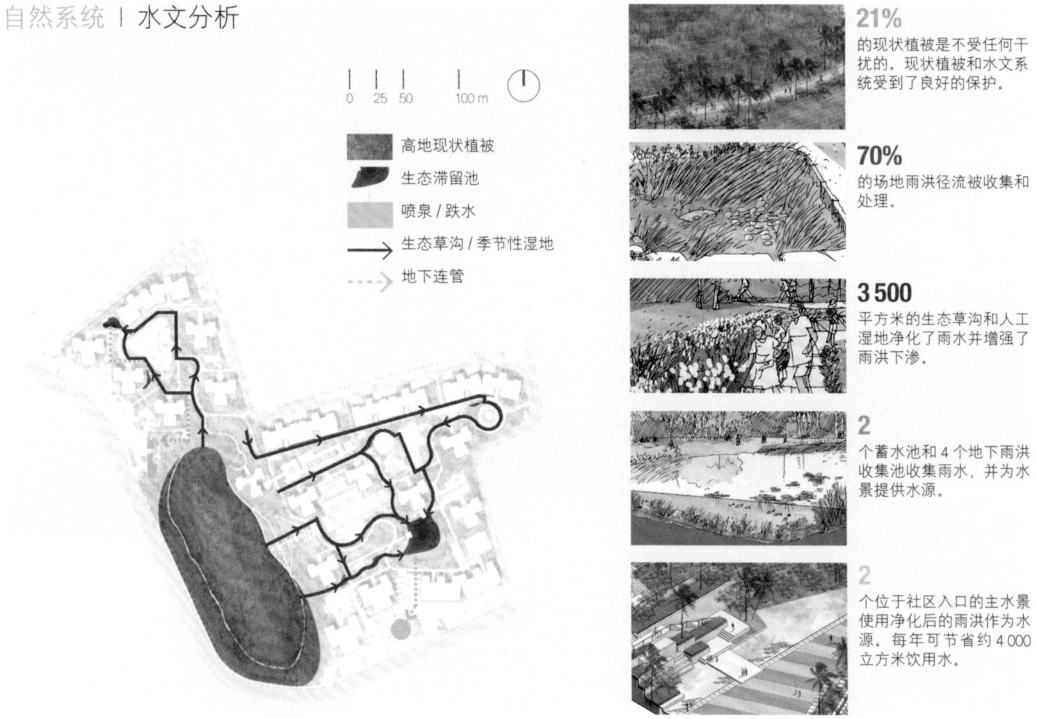
自然系统 | 水文分析
0 25 50 100 m
高地现状植被
生态滞留池
喷泉 / 跌水
生态草沟 / 季节性湿地
地下连管
21%
的现状植被是不受任何干扰的。现状植被和水文系统受到了良好的保护。
70%
的场地雨洪径流被收集和处理。
3 500
平方米的生态草沟和人工湿地净化了雨水并增强了雨洪下渗。
2
个蓄水池和 4 个地下雨洪收集池收集雨水，并为水景提供水源。
2
个位于社区入口的主水景使用净化后的雨洪作为水源。每年可节省约 4 000 立方米饮用水。

图 3

社交网络涵盖以下几点：首先，调研与公众参与。对于全新的社区来说，在建成之前是没有居民的。长乐居的景观设计基于一系列的调研，不是一般意义上的公众参与。这些调研包括通过对相似条件社区的问卷调查来了解居民的真实需求；对于周边最新建成的居住社区进行调研，从而衡量不同设计的表现成果；对当地住宅和居住区进行调研，从而更好地理解当地文化；特别针对社区中儿童活动区和老年人活动场地的调研，因为居住社区里的景观设施与场所大部分时间的使用人群为儿童与老年人（图 4）。

其次，为日常生活的设计。长乐居将会成为一个超过 1 万人的新家园，这里的居民可能有投资客、第二居所（second home）拥有者、常驻居民等不同类别。从城市规划的系统看，如此庞大的社区在步行范围内并没有一个可达的城市公园。因此，长乐居自身将担负起作为公园和活动场的职责，为居民的日常生活提供便利。通过调研，我们对未来居民的活动和需求进行分析，并将其分为三类人群——儿童（0 ~ 3 岁、 3 ~ 9 岁、

人类活动 | 日常生活功能规划

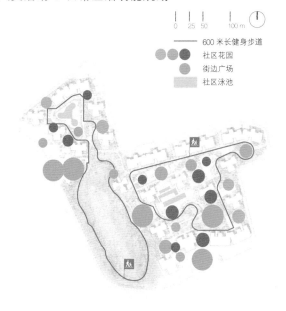

0 25 50   100 m

— 600 米长健身步道
● ● ● 社区花园
● 街边广场
▨ 社区泳池

33
个不同功能场所适应居民
的各种日常生活需求。

2
条 600 米长的健身步道提
供了串联不同场所和锻炼
方式的功能。

8
个特殊的花园满足不同使
用人群的需求。

1
个结合地形设计的露天舞
台为各种文化活动提供了
聚集的场所。

2
个社区泳池提供了休闲和
健身的功能。

图 4

9～15 岁)，成年人，老年人。我们还将这些潜在的活动放入时间表来分析出最适合场地的类型，同时也考虑了地形、太阳高度角、风和动线条件。

最后，是为了社交的景观。人与人之间的连接决定了社会的可持续性。一个共享型的景观将带给每一个人融入自然的便捷以及平等的社交机会。精心设计的社区会鼓励居民在景观中彼此相识、相知。人们将会被相同的爱好、活动和事件所连接。在这里，景观是形成和睦邻里关系的催化剂。

交互系统，指的是景观设计中结合了自然栖息地和可参与性的雨洪管理，力图实现人与自然的平衡（图 5）。这种动态的平衡通过自然与人文在场地中交织将会为社区提供大量的收益，其中包括：

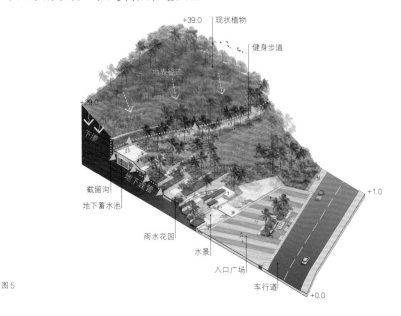

图5

　　融入日常生活中的环境教育。环境教育对于提升人们的环境意识至关重要，所以它将在中国的环境保护中扮演关键角色。一个细致的景观设计会给社区创造多种户外环境教育的机会，它将融入居民的日常生活，并对社区的未来发展产生深远影响。

　　与自然共成长。出生在城市的新一代居民已与自然脱离。但长乐居的孩子们将会体验、触摸、学习和享受自然，并与自然一同成长。他们的日常生活将与自然元素为伴，阳光、植物、雨和溪、湿地、湖泊、喷泉、鸟和鱼、青蛙、萤火虫以及蝴蝶。这些都会对儿童的成长产生正面的、积极的影响（图6、图7）。

　　场地通畅的可达性。社区花园和植物园鼓励人们参与并促进了人们对自然的理解。场地内高点到临近街区的高差有30米。通过与建筑师和工程师的通力合作，场地的地形得到了改善，为车辆和行人的进出提供了有利条件。在此过程中，我们尽量用坡度，减少使用挡土墙的方式来降低工程造价，控制地形坡度防止滑坡和水土流失。同时，少量的台阶以及残疾人坡道贯穿社区保证场地的可达性。一系列功能性景观被两条主要园路连接，使空间融为一体。

一个共享的系统 | 和自然一起成长

图6

自然探索　　野生动物栖息地　　儿童乐园　　生态草沟和湿地　　社交功能　　透水地面

一个共享的系统 | 可参与式景观

图7

收集雨洪以供娱乐和浇灌需求　　休憩长凳　　野生动物栖息地　　社区农场

与儿童互动的景观设计^①

——安吉桃花源

景观设计是提升人们幸福感的一种途径。通过关注人的行为和需求，建立环境和人之间的互动关系，可以帮助人类与其居住环境和谐发展。在以人的行为为导向的景观设计中，关注儿童成长特点的景观设计成为其中的焦点和趋势。各种针对儿童活动特点赋予创造性、想象力的场地设计在欧美、日本等国家层出不穷。一些相关的跨专业领域也同时介于其中，比如亲子教育、户外运动等，为该方向的发展提供了多种支持和各种可能。

1. 儿童成长过程中的心理特点

1.1 现代儿童心理学的特点

"小大人儿"是我们这一代人成长过程中的褒义词。父母都以小孩子能完成超龄的事情，无论智力上、情感上，引以为荣——5岁就上了一年级，9岁就可以独立旅行，诸如此类。所谓站有站相，坐有坐相，老成稳重的人是大家钦羡的对象。

"少年老成"据说来自东汉赵岐《三辅决录·韦康》，一个15岁的孩子，被称曰："韦主簿年虽少，有老成之风，昂昂千里之驹。"可见自古以来推崇之备至。

①原文发表于《旅游规划与设计》，选编时作者对文字及配图作了删改。唐子颖. 与儿童互动的景观设计 [J]. 旅游规划与设计，2017 (22).

想尽快把小孩变成大人，并不是中国文化独有的。世界的文化，粗放地讲，都是大同的。有资料说，"在现代之前，所有国家所有文化，都不认为童年具有独立的价值。那时，童年只被认为是成人的准备期，缩得越短越好。但是在现代社会中，'童年'被赋予了独立的价值，……现代儿童心理学认为……人为的缩短童年期，就会带来不可更改的创伤，发展就没有后劲，潜能就没法实现。"[②]

尊重孩子的童年，并保护其特征已经成为现代儿童心理学的核心。联合国大会将《儿童权利公约》第三十一条设立为一项基本权利，国际游戏协会美国分会（IPA/USA）也积极倡导人们玩乐的权利，并将"捍卫、维护和倡导人类玩乐的基本权利"作为宗旨。[③]

现代儿童心理学的发展为儿童导向的景观设计提供了理论支持，也为以下问题的讨论提供了前提。

事实上，就现代教育本身，悖论也很多。其中最大的问题是，教育把人的头脑挖掘得太多，身体的本能被忽略、弱化不少。人的第一直觉，靠的不是大脑，而是感官。现代社会的疾病、弊端，很多来源于人的感知能力的退化——年轻人的抑郁症，老年人的痴呆症，甚至人与人之间越来越多的交流障碍，都是人用了太多的大脑，少了用心。想得太多，执行力就会被相对延迟，心性被过多的碎片信息、理性分析掩埋，感受能力就会日趋衰弱。感官的退化是一件类似温水煮青蛙的事，令人悲哀而不自觉。世界的美好，需要全身心感受以后，转化成为自身一部分，从而让自身成为美好世界的一部分。身心的愉悦，令人向善向美，恐怕比任何理性说教都来得更有效。

现代社会中的成人，特别是大脑完备的成人，相比儿童，身体感知能力逐渐被日积月累的知识和头脑的理性判断取代、弱化。针对这种现象，我们需要保护儿童未被扼杀的感知，让孩子们在觉知中成长。在越来越智能化、信息化、机械化的社会环境中，让人仍然保持一定的对自我、环境的感知能力。

1.2 儿童的感知与环境的关系

美国幼儿教育协会（NAEYC）曾经提出这样的观点来支持玩乐的益处：

－通过自由玩乐，儿童能够学会表达和理解日常生活中的情感体验。

－准许孩子们与小伙伴尽情玩乐能够提高他们体恤他人观点的能力，也就是合作、分享、互相帮助和共同解决问题的能力。

---

②摘自《新京报书评周刊》。
③卡波达戈利，杰克逊．皮克斯：关于童心、勇气、创意和传奇[M]．靳婷婷，译．上海：中信出版社，2012：95.

— 如果儿童对生活的体验多来自电视、电脑、书籍、习题或只需调动两种感觉官能的媒介，那么其感知能力可能会退化。嗅觉、触觉、味觉以及对空间运动的感知，都是非常有效的学习方式。

— 如果孩子在户外活动方面受到的限制较少，那么他们在接触外界时会显得更加游刃有余。在成长的过程中，孩子们可学会如何（安全地）探索周围的环境，由此为长大后的独立生活打下基础。[④]

(1) 自我感知——"我是谁？我从哪里来？我到哪里去？"

一个小孩从小到大，这个问题始终存在。从最早对自己身体的认识，对自己情绪的认识，以及后来对人类的起源，对死亡的认识，问题是随着小孩的成长渐进的。貌似简单的问题，其实涵盖了小朋友从早期对自己身体的好奇、对自我粗浅的意识，到后来对个体情绪的认知。孩子们在成长的过程中，需要学习关于愉快（happy）、暴躁（grumpy）、沮丧（sad）等等有关情绪，明白这些情绪每个人都会有，是正常的，需要接受自己也接受别人；进一步，孩子们还应该质疑和探索，人到底是不是猴子变的，人是否有灵魂，或者人死了以后会怎样。

有些自我感知，上升到哲学，可能人穷其一生而无所知。所以人对世界以及人本身的神秘感产生出畏惧感，从而也成为人的好奇心必不可少的一部分。这些自我感知的教育，同时可以从环境中给出。一个有针对性的景观环境，可以对人的情绪产生影响，比如目前景观设计学的一个专项分支——疗愈花园（Healing Garden），就是从医学、心理学角度，结合景观设计形成的一个跨学科的方向。

(2) 环境感知——"我和环境的关系。"

从早期小孩对于生活周围比如影子和反光（shadow and reflection）的好奇和观察，到后来对地球和宇宙的探索，人对环境的感知随着人类的发展也持续地产生新课题。教育的重要任务之一，就是让人对司空见惯的东西产生疑问，想知道为什么。从身边的、能触摸到的，到不可及的、需要想象的——阳光、空气、雨水、夜晚、星云，每一样身边司空见惯的现象，都是一门科学。在孩子的大脑被现有的知识体系充实完备以前，充分发挥对这些事物的想象，为将来的科学发展提供了更多的可能性。

④卡波达戈利，杰克逊．皮克斯：关于童心、勇气、创意和传奇[M]．靳婷婷，译．上海：中信出版社，2012，96-97．

图 1 安吉桃花源景观总平面图

目前的景观设计另一个方向，就是科普性景观（Learning Landscape）——从环境中学习（learning through landscape，简称"LTL"）。其宗旨就是在教育中鼓励、激发儿童的户外学习和玩耍，使儿童与环境的连接更活跃、更主动、更有助于他们的学习，并开发他们的社会交往技巧。

(3) 社会感知——"我和社会的关系。"

这里说的是个人与社会组成的关系。交通工具、合作交流、与人相处（比如分享、轮流）、社会规则，这些都是作为社会上的人必须了解并且娴熟掌握的。社会感知可能会涉及人与人之间的关系，以及人与社会功能之间的关系。目前在我国的教育体系现状中，这部分有待提高。如果一种社会价值观过多地强调竞争和个人成就而无视分工协作，社会的整体功能往往低效。虽然利弊显而易见，在实际操作中却容易被忽视。结果就是社会上受现代高等教育的人比例越来越高，而社会的文明始终与现代文明相去甚远，甚至背道而驰。

与人协调、合作是户外环境教育的一大重要功能。游戏玩耍中与人分享、轮流、协作，是对社会感知充分地实践。专门针对这项功能的儿童游戏场所也成为景观设计的一个专项。

2. 以儿童活动为目的的景观规划与设计——以安吉桃花源景观提升规划设计为例

"安吉桃花源"是一个以养老、度假为目的的地产式开发项目。总面积564公顷，可建设用地146公顷。地理位置处于大都市（上海、杭州、苏州等）服务圈1～3小时车程之内。其核心区进行景观提升的部分处于地理中心的峡谷地带（图1），其中包括两个人工水库。山体植被以安吉特色植物竹林、茶园为主。

对核心区景观提升的起因，是出于对养老、度假产业定位的重新思考。在一个自然资源环境没有那么突出，地理位置没有那么便捷的区位里，单一的养老、度假定位显得过于扁平化。在以往的经验中，单一的养老社区里，存在着缺乏家庭亲切感、没有活力、难以持续发展等弊端。对此，在安吉桃花源的景观提升策划中，提出了针对亲子、儿童活动为目的的景观规划设计。在突出地域景观特色，服务于让人与自然充分交流与融合的理念下，怎样把老、中、青、少几代人的户外度假需求同时考虑在内，成为本次规划设计的核心。

2.1 人与景观的三重解读

首先，人是大自然的一部分。目前的中国城市建设中，处处体现的是人类主宰世界的景象——高楼林立、混凝土覆盖，绿色景观只是表面上的装饰和点缀。在安吉桃花源的景观提升改造中，大的命题是强调人是大自然的一部分，景观设计的总体基调体现人与自然的互动。与传统的园林景观设计不同，人在这里不只是停留在观望和欣赏的层面，而是深度参与大自然的活动——尊重和了解自然，让自己的行为符合自然规律——这些常识不只是针对成人，而是从儿童的户外教育就要开始做起。

其次，强调农耕文化中人与自然的关系。"晴耕雨读"是中国农耕文化的核心精神。纵观江南地区独特的地域文化景观，可以提炼出书院、荷塘、茶园、水田、石板路等景观元素。安吉地处江南，气候温湿，夏日酷热，冬天飞雪，与杭州一山之隔，年平均温度较之低2℃～3℃，算是江南气候中的典型。安吉的自然植被以竹海著称，农业景观则属茶园。本项目中，这些体现江南特色的景观不仅仅是再现，而且是针对人的活动——特别是儿童的户外活动与教育展开——让参与者充分体会"晴耕雨读"的文化精髓。

最后，体现儿童对自然环境的认知。孩子的天性是玩耍。"寓教于乐"的教育方式往往深受小朋友的欢迎。而户外教育，又是"寓教于乐"的最佳选择——在森林中了解动植物科学，在山水间通晓日月星辰、地质地貌，在游戏中锻炼肢体、与他人协作共处。在充分的自然环境中长大的孩子，对艺术的感知能力更加敏锐，头脑与肢体的应变力、灵活度也会更高。安吉桃花源项目里，希望建立孩子与自然的充分接触，弥补现代教育中过度的室内课本灌输式教育缺陷，通过孩子对自然环境的认知过程，帮助他们建立更为完备的世界观与价值观。

2.2 安吉桃花源核心区景观规划设计

根据核心区块不同的地理环境特征，日照、风向，以及与规划交通的关系，确立了三个以人的活动（特别是儿童活动）为导向的景观分区：自然科学教育区、农耕文化体验区、户外运动娱乐区。三个区块分别对应并体现对人与景观的三重解读。

(1)自然科学教育区

这里的景观以现状湿地半岛、自然山林、湖水（人工）为主。通过组织合理的徒

图2   图3

步路线（针对不同年龄段，有不同长度等级和难度等级的线路），建立儿童户外自然
科学教育系统。自然界中，湿地、林地景观最具有生物多样性。观鸟、捕捉昆虫、了
解自然更替的规律可以成为主要的户外课程（图2），同时还可以通过采集松果、树叶、
树枝等各种不同形态的自然素材，发挥想象，制作各种手工艺术品。

这部分的景观处理以自然恢复、轻度改造为主。建议现有的湿地半岛改建成孤岛，
保证没有人的介入和干扰，从而通过时间的积累逐步形成完整的鸟类栖息地，以供专
门观鸟使用。其他任何需要人介入的通道都尽可能做到最小干扰。这种做法本身也是
户外教育的一部分——让孩子们从小知道尊重自然，以便形成自然界生物平等的
价值观（图3）。

自然教育活动中心，是针对现有停车场的改建。该建筑为半开敞式通透的玻璃体量，
对环境的干扰最小，在视线上与户外环境充分结合（图4）。

本区块尽端的户外剧场，纯粹自然的现状环境提供了一个宽大的草坪空间，也为
举行各种活动提供可能性，如露天电影、演出、庆典、放风筝等（图5）。

(2) 农耕文化体验区

以半开敞式的农耕文化建筑为中心，组织粗放式管理的农田景观。建筑的主要功
能有展示、餐饮、售卖当地农产品、收集放置传统农具（如磨盘、石杵、纺车等）、
组织节事活动（与时令、节气、国家法定小长假结合）等。户外结合半开敞的建筑放
置晒谷场，作为活动中心的核心区域。

图4

图5

图6

图7

农业景观以茶园和水稻田为主。稻田建议按照不同时令种植油菜花、水稻等以粗放式管理为主的大片农业景观，以现状水塘为基础改造为荷花塘，新种植的乔木也以经济型植物比如桑树、枇杷等江南特色果树为主。这样，相应地组织不同时令与小长假对应的节事活动——清明（采茶制茶、采桑喂蚕）、端午（摘叶包粽）、中秋（割稻制米），而暑期长假可以有采莲藕、捉知了、抓泥鳅等农田里的活动让孩子们充分参与。

（3）户外运动娱乐区

儿童的户外活动娱乐方式多种多样。在本项目中，我们结合现状地形特点，提出了以"动物的家"为主题的儿童活动内容。放大昆虫（如蚂蚁、蜜蜂、蜘蛛等）的家（如蚁穴、蜂巢、蛛网等），结合儿童活动中经典的活动项目（如滑梯、攀岩、钻爬等），创造出一系列的活动设施，让孩子们在玩耍的同时充分地接触自然元素（泥土、沙石、水），并自由地发挥想象——想象自己是一只蚂蚁、蜜蜂、蜘蛛，将会在什么样的环境里怎样生活（图6、图7）。

与大型的主题游乐园不同，我们希望乡野里的儿童活动设施更趋向自然的材料和色彩（如用素石代替泥土色，选用原木色的活动器械等），活动的内容更具地域独特性、启发性，同时更符合不同年龄层的儿童的天性。

3. 结论

与人互动的景观设计是以人为本的设计学中的一类方向。而针对儿童户外娱乐、户外教育的景观设计又是其中的一个重要分类。充分考虑儿童的需要，为他们的成长提供更符合其生长特点的环境，同时提供宽泛、舒适、轻松、多维度的活动范畴及可能性，是这部分景观设计的宗旨。其中的儿童心理发展、户外活动安全性、活动设施的可持续性利用等细节，都是景观设计应该综合考虑的范畴。跨学科多领域的研究与合作，会为单一的设计学方向弥补不足，也会为未来建设更健康、更科学、更加多样化的户外儿童活动环境提供更完备的保障。

一个"惊奇"的产生[①]

——安吉桃花源鲸奇谷

1. 缘由

《鲸鱼》是日本作家五味太郎的绘本。讲的是一个小渔村被一只候鸟告知有鲸鱼，于是大家开始争先恐后地寻找、捕捉鲸鱼，但一直寻而不得。直到有一个小孩，被候鸟带到天上，才发现果然有鲸鱼，它就是渔民们赖以生存的这个湖的形状——只有在天空上俯瞰才能看到。鲸奇谷[②]的名字和概念就是来自这个故事。

安吉桃花源核心区的景观提升，用地基本处在一群山脉的谷地，总体功能定位在儿童的户外教育与游憩方面。其中的一块，被决策作为儿童活动的场地。因为与住宅用地相对隔离——视线或噪声污染容易控制；四周环绕高山或陡坡——安全性得到保障；与全区的商业中心临近——功能上顺理成章。开车到此地，经过一座三孔洞桥，便可以俯瞰鲸奇谷的全貌（图1）。作为一个度假房产开发的配套产品，鲸奇谷的设计和建造，就这样产生了。

2. 鲸奇谷的独特之处

安吉桃花源的儿童活动场地与城市公园、社区公园里面的不同。首先，山野的自然环境给它提供了非常规的景观尺度以及独特的气氛——既然身处乡野，就要有乡野

①原文节选修改自张唐景观微信公众号，撰于2017年，作者：唐子颖。
②关于项目名的小插曲：这个儿童活动场的名字，是在张唐景观办公室做有奖征名得来的。中文名由前员工林佩勳（中国台湾）夺标，英文名由周啸夺冠，最后得到甲方认同。奖励是武康路上曾经的网红冰激凌。

图1

的气氛，而不是五彩缤纷的主题乐园或者城市中的儿童乐园。任何人工的设计，需要与山、林、湖相得益彰，突出自然的主题（图2）。

放大的蚂蚁窝，山坡上的蜜蜂窝、蜘蛛网，水母的戏水池，在鲸鱼牙里看水底······结合山体、树林、水池，放置微小动物的家，让小朋友从不同寻常的视角看世界，发挥自己的想象；同时抓住孩子最基本的玩乐方式——滑、爬、钻、跳、飞高······放置最经典的百玩不厌的活动设施——滑梯、爬网、秋千、跳跳云等。活动设施不是主要的，在自然中玩耍、利用各种设施搭建小朋友和自然接触的桥梁才是目的（图3、图4）。

在自然环境中，"放养"是非常理想的育儿理念。其种种好处，我在本书前文中已有具体论述。鲸奇谷为被城市化了的孩子们提供一个平时得不到的环境——玩水、玩沙、玩泥巴，既可以玩设施，也可以捉青蛙（图5）。

3. 儿童活动场所的特性

3.1 色彩

在成人的眼里,约定俗成地认为小孩的世界就是应该色彩缤纷的——从他们穿的衣服,所处的环境(幼儿园的墙壁和铺地、儿童游乐场),画的画儿——否则就不够"儿童"。我一向认为这只是成人们一厢情愿的看法——没有任何理论依据和科学发现能证明"色彩缤纷"是儿童艺术方面发展的必要条件。所以鲸奇谷虽然是给儿童设计的,但这里使用自然界的原色,拒绝把成人的色彩认知转移给儿童。除了原木、沙石、草树,采用的石材有桐庐石、板岩、花岗岩,少量的不锈钢尽可能是原色(不锈钢喷漆附着力较差,比较容易褪色)。

场地中,出现色彩最多的地方是水磨石(滑梯、水母形状的戏水场地)。每一种水磨石颜色,由3~4种不同颜色的骨粒搭配,希望有色彩出现的地方不是纯色,而是靠近自然界山体、水体的颜色;有色彩倾向,但是不突兀于环境。

3.2 安全

给儿童做设计,最大的困难是在保障其安全性的同时创造其探索性和冒险性。这个度很难把握。美国的儿童活动场所设计安全规范非常严格,较之欧洲、日本都有过之而无不及,其实是有些过度保护。中国的设计规范虽然并不严格,但是同样人为地日趋保守。其实,儿童需要在尝试的过程中了解自己的能力,这样才能形成对危险的意识从而达到自我规避和自我保护。我们在所有的设计中,在充分考虑安全性的前提下,尽可能提供这种机会。安全性如果被过度考虑了,可以活动的内容就会无趣,不利于儿童勇于挑战和探索精神的培养。

图2

图3

图4

图5

图6   图7

　　鲸奇谷一共有6条滑梯。出现的原因与现状地势有关。场地处在与道路标高有14米左右高差的谷地，既给滑梯创造了机会，也给"到达"制造了难题。进入鲸奇谷，可以走一条长长的坡道，可以走带台阶的看台坡地，也可以坐两条滑梯一步到底——从入口就有"惊奇"。虽然受限于坡地的陡度和安全长度，我们在模型里反复模拟其安全性——高处的滑速控制在坡度30%左右，中间用弯道减速，下段可以适当加速在坡度38%左右，用尽量长的平缓段收尾。事实上，电脑模拟只是设计的开始，滑梯材料的摩擦系数、使用者的体重甚至衣服的材质，都关系到速度。施工过程中需要无数次的调整和修改（图6、图7）。

3.3 玩法

　　"给小孩玩什么？"，为人父母的在养育子女的过程中可能经常会问。我个人认为，"小孩不需要玩具"。换言之，小孩自己会找玩的，不用给他们限定具体的玩法。鲸奇谷虽然有秋千、滑梯等活动，但是属于基本玩法，可以有很多变化，这样小孩是主动的，可以选择或发明各种玩法而不局限于活动设施——抠土、玩沙、攀爬、玩水、跳；也可以选择挑战比如滑很陡的滑梯，或者蚁穴探险（图8、图9）。

　　如果不受家长的催促，场地又有足够的自由，小孩就会玩很久。所以鲸奇谷也考虑了给看护者充分舒适的休息场所。这里的设计是希望小孩一来再来，每次来都能发现不同乐趣的地方。当然，设计并不是无目的地延长小孩的玩乐时间，而是让所有来这里的人，充分地享受这个环境，各得其所。在每个小孩可能停留的空间里，都有足够的或坐、或躺的看护空间给大人，都在遮阴的树下。满足不同的需求，让多种行为可以同时间、同空间发生，是对来者最大的尊重。

图8　　　　　　　　　　　　　　　图9　　　　　　　　　　　　　　　图10

4. 经验与教训

4.1 材料与工艺

塑石与水磨石是我们不经常使用的材料与工艺。蚁穴在最初的设计中想利用现状已经破坏了的地表山体。实际操作中，发现现状山体的岩石易风化、滑坡，不适合凿洞或者攀爬。塑石是最可行、国内工艺最成熟的选择。实施中最大的问题是工作的衔接——我们把图纸出到什么程度，塑石的工人才可以操作。塑石的工艺带有很大的随机性，最终效果经常依赖现场工人的审美水平。图纸出完以后，实际操作时边做边改边调整，使这里成为一个反常规景观施工的部分（图10）。

水磨石在室内、室外，平整面、曲面的制作工艺和最终效果非常出乎我们的意料。我们在室内看到的打样和室外大环境下是不同的；平整面打样和最终的曲面效果又是不一样的。另外，骨料的质量差异也会造成效果的天壤之别。比较廉价的非石子的骨料质地酥软，色彩表现力弱，不适合在室外使用。

4.2 现场与图纸

这是一个非常依赖人工和现场的项目，工程量极其浩大。施工工艺和程序与一般的地产项目全然不同。单纯用图纸很难控制。从一开始，现场的测绘数据由于在山上、林中就可以带来很大的误差。加上为了保持现场的一些基本特征比如现状林木、贫土的基岩，很多场地使用纯人工而非机械操作，造成施工精确度常常以米为单位。对此，图纸要控制什么内容，什么内容留给现场调节，设计的哪一部分必须到位，哪里又不能做无谓的过度设计，都与惯常的项目不同，需要甲、乙、施工三方摒弃自己习惯的思维，充分交流，互相理解，密切配合。

共 生

Commensalism

公共空间

2009 年，第七届"中国花卉博览会"在北京顺义举行，我们有幸参与了其中京华园的景观设计。设计中我们以北京市花——月季，以及菊花为主题所打造的一系列活动和展示空间在当时受到游客的欢迎（图 1）。"花博会"从 9 月 26 日到 10 月 5 日，一共持续了 10 天。会展一结束，花博园也就随之关闭了。虽然这是一个临时的展园，但是大可以进行角色转换，改造为对市民开放的城市公园。然而，因为维护费用高昂，顺义地处北京郊区，常住人口相对较少，或者还有相关的土地政策等因素，当地政府遂直接关闭了展园。2014 年，我们再次去了京华园。台阶、景墙、道路、小桥都还是原来的样貌，植物因为缺少维护而渐渐长成野生状态，比之展会期间反倒别有一番韵味（图 2）。然而空旷无人的园子终究令人唏嘘。我们设计的京华园占地 3 600 平方米，造价千万余元。整个花博园用地面积 25 万平方米，造价不得而知。这样缺乏可持续性考虑的公共项目，实在是对公共资源的极大浪费。

中国的城市公共空间包括绿地系统、公园和广场，在过去几十年的城市建设中增加了很多，这当然是一件好事，但一些项目的可持续性却不容乐观。由于基本上都是行政拨款建设，多数情况下设计的公众参与度较低，完全由政府主导，再将设计呈现给大众。公园由政府维护，维护的情况常取决于政府的财政状况和对公园的重视程度。

图1

图2

实际上，在过去的二十多年，政府在新建城市绿地上的投资是很可观的，而每一年这些绿地需要的维护成本也累计成为非常庞大的数字。在经济繁荣的年代，这些都不会是什么问题，毕竟只是巨大财政支出的很小一部分。但长久来说，这必然会为政府财政增加负担，而且是需要长期维护的负担。

一些城市公园和绿地在设计、建设和维护时，真正的使用者是缺席的，多数环节都由政府主导。设计的功能和形式主要考虑满足管理方的要求，并不一定能充分考虑到使用者的需求。这样的结果是，使用的大众缺乏参与，也不会主动爱护这些公园和绿地。我们曾经参观过几个城市新区或者滨水绿地的著名项目，从设计的角度来说，这些项目都是有一定水准的，通过国际招投标，概念前卫、新颖，用材和施工质量都算不错，但现场的使用状况还是出人意料：公园破败严重，活动的人很少，受欢迎的程度往往还不如一街之隔的一片未经过精心设计的街头绿地。

这些大量经过精心设计却没有能持续发挥作用的城市公园和绿地，是一种巨大的资源浪费。开放空间的可持续性很大一方面取决于它是否具有与城市、周边社区共生的机制。项目的可持续性除了生态方面的考虑，更多的是经济方面的因素。如果一个项目在建设之初就设想好一个尽可能完备的运营机制，项目的建设、使用和维护都充分考虑资金来源、使用与消费之间的平衡，建成的项目能与城市发展共生，会自我更新，适应社会的发展变化，在社会效益和经济上能可持续，这个项目才能算真正的可持续。

私有公共空间

在社区项目中，公共空间成为丰富多彩的社区公共生活的舞台，社区居民因而成为一个生活上相互关联的社会群体，而不仅仅是一个居住群体。共享的思维可以让同样的土地发挥更大的价值（不仅仅是经济上的价值），达成更美好的生活愿景。因此共享并不建立在削弱私人利益的基础上。对于公私关系的恰当处理，可以获得多赢的结果。如果进一步思考公共与私有的关系，并尝试共享价值观的更多可能性，尤其是突破单个社区的范畴，在一个城市里的贡献度可能会更大、更多。

一个社区里的流动性相对于城市的流动性来说要小得多，社区居民的共同利益也比较明显。如果说我们称社区内部的共同分享为"共享"，那么，社区、团体或个人把自己的资源拿出来与城市共享、互利互惠，可以称之为社区与城市的"共生"。

在美国留学初期，我们对于"公共"和"私有"的概念不太分得清楚，按照在中国的习惯觉得对公众开放的就是公共的，反之就是私家的。但我们很快意识到，产权的"公有""私有"和空间属性的"公共"和"私密"是不一样的。哈佛大学是私有的，但校园没有围墙，谁都可以进去；清华大学是公有的，但围墙、门卫戒备森严，闲人免进。在这样不同的社会体制里生长的人难免对于"公"和"私"的认识很不一样。我们常常混淆"公有"与"公共""私有"与"私密"之间的关系。"公有""私有"是针对所有权而言，"公共""私密"则是实际使用中的空间属性。英文中"对公众开放"（open to public）和"公有"（public），"私有"（private）和"私密"（intimate）的区分比较明确。"公共"不一定对应"公有"，"私有"也不一定对应"私密"。中国经历了多年的"所有东西都是国有的"阶段——城市公共开放空间都是公有的，同时围墙围起来的地方也可能是公有的，但使用权是私有的。在这种情况下，大家基本上都是把公共的东西限定起来供私人使用，从而在一定程度上满足"私有需求"；然而，很少有人把私有的东西贡献出来与城市共享。

互利互惠

对于一个城市来说，城市公共空间的品质很大程度上影响了市民的生活品质。纽约曼哈顿就是一个具有高品质开放空间的城市，虽然它的密度非常大。在这样一个极度私有化的地方，却有许多对公共免费开放的私有空间。佩雷公园（Paley Park）和高线公园（High Line Park）是其中两个佼佼者。

佩雷公园面积很小，是一块典型的城市可建设地块。地块的拥有者没有将其盖上建筑并售卖以获取利润，却把它变成了一个城市小公园，对外免费开放。公园面积虽小，但跌水和树荫在这个高密度的城区，给人以极大的心灵上的放松。它对城市的贡献远远超过一栋大楼。

高线公园的建设过程具有戏剧性。高线原来的拥有者是某运输公司，但它并不拥有高线下方的土地所有权。废弃的高线极大地影响了该区域的土地价值，土地拥有者要求高线公司将其拆除。但拆除本身花费巨大，且对高线公司来说不能产生任何价值。"高线之友"（Friends of High Line）作为一个民间组织，成功地说服了高线公司、沿线土地所有者和政府，号召并组织将高线改造成一个可对公众免费开放的公园。公园取得极大的成功，各方共赢：沿线土地所有者由于土地升值获利；高线公司不用花钱拆掉废弃的高线，也相当于由此获利；城市多了一个地标性场所。"高线之友"作为高线公园的管理方，可以接受捐款，组织义务劳动者进行公园的日常维护。政府在整个高线公园的建设和管理过程中，只是有限参与，并不需要太多的资金投入。现在，随着高线公园二期、三期的陆续完成，它已经成为纽约市的一个新地标，曼哈顿地区著名的旅游点（图3、图4）。公园的沿线区域吸引力大增，博物馆等文化设施也相继介入，昔日破败、废弃的铁路运输及仓储区域就这样转化成为一个充满活力、具有独特魅力的社区。从某种意义上来讲，高线公园建设不是一个普通的公园案例，而是一个通过开放私有空间获得巨大经济回报的案例，是一个土地所有者和城市互惠互利的案例。

　　我们在中国的实践中，曾经在青岛万科产业园示范区做过一点点类似的尝试。虽然这个项目建成于几年前，少为人知，既不是网红也没有获奖，但它却是非常具有中国特色的、有一定代表性的案例。该项目坐落于青岛，处于某主干道十字路口的东南角。当地规划规范要求场地红线内留有一定的建筑退距，从而保证景观的空间。但是从该十字路口的其他三个街角的设计可以看到，局限于土地规划的红线——人行道、

图3　　　　　　　　　　　　　　　　　　　　　　　　　　　　　　　　　　　　图4

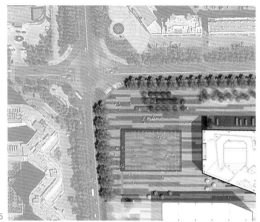
图 5

图 6

图 7

用地红线、建筑后退红线，街角的设计往往是标志性的、功能分开的、没有人的活动的场所。在这个项目的一开始，开发商的思路也是如此——如何把"无关人员"隔绝在外，只有有购买需求的人才可以"进入"？如何设计令人"眼前一亮"的地标性景观才可以与众不同、吸引客户？作为景观设计师，如果按照这个传统思路，无论我们怎么做，除了在形式上的标新立异，别无他法。而这块场地的最终商业效果，也很难由一个"新""奇"，甚至"怪"的景观作品获得巨大的商业成功。

通过反复交流，我们和开发商逐渐达成一个共识：与其这样"落入俗套"的费力不讨好，为什么不反其道而行之，干脆把设计打开，做一个特殊的城市广场，让所有的人都可以来，可以活动，可以嬉戏。我们不需要生硬地营造气氛，就能让来到这里自由游乐的市民自然形成该有的热闹气氛。这样，市民在闲暇时间有了去处，开发商同时获得了热烈、欢快的气氛以及关注度（图 5、图 6）。

随着设计的演进，广场以镜面水池作为主要的景观元素，并设计了一系列策略保证了场地物理和视觉的连接性以及可达性（图 7）。在去除人行道和场地之间生硬的界限后，公共与私密空间相互贯穿。设计不光注重镜面水池的美观性，还兼顾了场地的可达性和行人参与其中的安全性。建成以来，广场已经成为一个重要的聚集和娱乐场所，跳广场舞、戏水打闹、洗菜、洗拖把等各种市井邻里的街头景象层出不穷，既让人捧腹又令人欣慰（图8～图10）。

该场地的设计非常微妙且巧妙：广场被当作一个整体设计，而不是被红线划分的不相干的元素组合，同时又符合每一块用地的规范要求。水深5厘米的方形镜面反射池作为场地的一个主要元素，被放置在商业综合体前。场地的北侧沿兴阳路有两排现状水杉树被保护起来，一系列宽大的条形木座凳布置于此（图11、图12）。水面与铺装面的齐平赋予了场地无限的空间感和连续性。

场地的竖向设计充分利用了微地形的优势，在保持原有人行道标高的同时，通过一系列细微坡度连接人行道和主广场，为人们提供了微妙但是明确的空间体验。使用者可以直接参与到很浅的镜面水池中，而不仅仅将其作为一个视觉符号。被保护的水杉树有着相对较高的枝下高度，在保证视线通透的同时也隔离了街道上部分交通噪声。

场地有着3%的均坡，镜面水池的一边用景观座凳来抵消水面和地形的高程差，同时巧妙地标记出场地边界，隔开人行道空间。排水沟被安放在水池边缘用来收集溢水，喷泉的喷头同时藏在其中。喷泉启动时，逆光的水花立刻使广场显得生机勃勃（图13）。

图 8

图 9

图 10

图 11

图 12

图 13

图 14

水面的边界被镶有排水槽的黑色花岗岩所界定。抛光面的花岗岩折射出与水面相同的景致，无形中延伸了水面，同时最大化地去除了水景与铺装之间的边界。线性座凳底部融合了考究的照明系统。这种静谧感与水中反射出的斑斓灯光形成了鲜明对比。灯光不仅增加了空间的深度，也从视觉上连通了整个场地。

喷泉广场设计本身没有玄妙的技术或者惊人的突破，它的贡献在于将公共领域和私人领域融合的社会意义。形式设计中去边界，行为设计中的形式"去边界"的概念延伸到了社会，达到行为的无边界。设计平等地尊重了场地中的各个组成部分，营造出这个完全开放的、可达的、自然而然又引人入胜的公共场所。设计不仅充分满足了城市规范的各种红线和开发者的诉求，最终也成了该区域非常成功的"景观目的地"，同时也为类似城市的可持续设计提供了借鉴。这个案例也让我们看到，景观设计师需要"大开脑洞"，不要局限于自己的知识领域，只是从"景观"出发做设计，更要看到社会，以及看到社会中的人（图 14）。

共生的可能

中国的土地性质决定了公园都是公共所有的，城市规划师会在地块划分时将公园用地划出来，标为不同级别的公园，可以是社区级别的，可以是区一级的，也可以是城市一级的，归属不同管理部门，由政府出资建设和管理维护。我们有幸接触到几个社区级别的公园设计。由于是社区级别的，所以交给开发商代建。

开发商在建设时考虑的是公园的建设有利于吸引购房者,所以会想尽办法让公园更有吸引力,会考虑设置各种利于周边居民日常生活的活动设施。但是,公园在建设完成后要移交给相关部门管理。一些部门从便于管理的角度出发,对于这些公园的定位相比开发商会有很大差异。在上报相关部门审批的过程中,他们可能会要求不要有水景,不要有大草坪,不要有活动设施,不要有社区花园,不要有塑胶活动场地,不要有运动场地,等等。这种由管理机制导致的设计结果并不符合社会需求,因为做决定的人既不是使用者也不是建设者,若评价一个公园设计的好坏完全从管理方便与否的角度出发,则是既不对资金的使用负责,也不对任何使用者负责的做法。在这种管理机制下的大部分城市公园,在建成后所能产生的价值会非常有限,对城市的贡献也非常有限。

此外,我们也有幸参与了几个商业景观的项目,发现相比之下,开发商是比较有社会责任心的,至少,他们对于自己的资金要负责,要考虑吸引消费者并获取资金回报。这是符合市场经济的正常商业行为,在此运作模式下才有可能探讨一个良好的私有公共空间给各方带来共赢,以及私有空间与城市共生的可能性。

一块土地,开发商会考虑如何将其价值最大化。可建设的面积已经由规划指标确定,建筑剩余的空地如何利用是留给景观设计师思考的问题。如果做停车场,它的价值就是停车场的价值;如果做成绿化,它的价值就是改善视觉环境,它带来的附加值或许会更大,但难以计算;如果通过景观设计,把这里变成一个地标性场所,它的价值就在于吸引人气,提升地块价值继而提升周边房产价值,经济利益将会大得多。有些开发商会倾向于将绿地变成停车场,然后卖掉变现,但是,也有一些有抱负的开发商会选择最后一种做法——费力但是有更大获利。

如果单纯从经济的角度看,在城市公共开放空间里,最应当被鼓励的是这种私有公共空间,既能给城市提供优质开放空间,又不会占用公共资源建设和管理;既能为商家提供人气、提升地块商业价值,又能确保场地被很好地维护和管理。

设计传递美好[①]

——苏州公园里景观设计思考

1. 项目背景

　　"公园里"项目位于苏州吴江高新技术区,是一个占地约15公顷的大型高密度居住区。项目展示区位于项目用地北端,占地约1.5公顷(图1)。委托方最初计划该展示区建设在未来的商业用地上,全部为临时性景观。本着节约资源减少浪费的原则,我们建议:展示区分为两部分——建设成本较高的永久性景观,未来可以作为商业景观继续发挥作用;建设成本较低的临时性景观,场地内的设施未来可以二次利用,搬到居住区内继续使用。永久性景观既要考虑到后期商业运营的需求,又要满足销售期间的使用需求。临时性景观展示未来社区内部景观的生活场景。

2. 传承与探索

　　在苏州这么一个传统园林的圣地设计现代住宅景观,其实国内已经有许多可以借鉴的案例,也已经有许多设计师进行过各种尝试和探讨。苏州园林作为居住附属的私家园林,符合那个时代的社会家庭结构和日常生活的需求。在新的时代,上至社会结构、城市、空间结构、土地利用,下至家庭结构和日常生活习惯都与那个时代完全不同了。那么,苏州园林作为文化遗产,在新的城市居住景观里能给我们带来什么启发和借鉴呢?

①原文发表于《中国园林》,选编时作者对文字及配图作了删改。张东,唐子颖. 设计传递美好——苏州公园里景观设计思考[J]. 中国园林 ,2017,33(1).

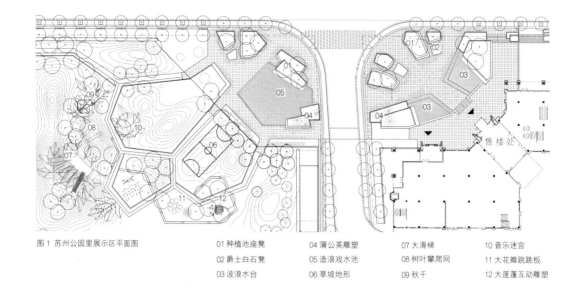

图 1 苏州公园里展示区平面图

01 种植池座凳	04 蒲公英雕塑	07 大滑梯	10 音乐迷宫
02 爵士白石凳	05 造浪戏水池	08 树叶攀爬网	11 大花瓣跳跳板
03 波浪水台	06 草坡地形	09 秋千	12 大莲蓬互动雕塑

　　童寯先生认为好的园林有三个标准：疏密得当，曲折尽致，眼前有景。古典园林对于现代景观常见的借鉴也可分为空间形式、设计造园手法、景观元素三类。空间形式上，古典园林对于空间尺度、空间转换、空间组织、虚实疏密上有许多可借鉴之处；设计造园手法上，堆石造山凿渠引水、以小见大步移景换、动静相宜曲折有度等；景观元素上，亭台楼阁、漏窗粉墙、曲桥汀步、置石造景、梅兰竹菊等也多被借鉴。其实，对于西方园林，这三个方面大概也是好的园林的标准：空间、结构、节点——可以算是园林里看得见、摸得着的东西，也比较容易理解和传承。

　　江南古典园林作为一个大家庭生活的环境，以宅园合一的苏州名园网师园为例，在6 500平方米的空间内，居住一个大家庭；而在现代城市居住环境中，家庭占有的空间要小得多。古典园林中的主要服务对象也常为大家庭中的男性长者，园中常设书房、茶室、画室、赏月、弹琴等景点；而以小家庭为基本单位的现代城市社区，园林中需要考虑到每一个年龄段的人的生活和日常使用。传统宅园和现代宅院功能上的巨大变化造成园林布局上的巨大差异。如果只是在空间、结构、节点这些方面去考虑传承和借鉴，除极少数的特殊园林外，对于大多数现代住宅园林来说，势必困难重重。

　　那么，除此之外，还会不会存在另外一种传承和借鉴？我们决定从园林的本源上进行一点思考。

3. 园林提升幸福感

园林从来就不是基本生活中必不可少的一部分。从早期的帝王园囿到文人园林，到明清的私家园林、皇家园林，园林向来是少数人基本生活得到满足之后的追求精神需求的产物。如果把古典园林和建筑、城市做一个类比，传统文学里的"文以载道，诗以言志"的"文"和"诗"分别类似于城市和建筑，而园林大概和"词"相近，算是闲情逸致。它不是生活中必须的部分，但在日常生活中是释放压力的重要途径：苏轼写过"长恨此身非我有，何时忘却营营""小舟从此逝，江海寄余生"之后，生活中的心理压力得到缓解，可以继续庸常生活。

古典园林中的一个重要模式"一池三山"，以神话传说中的仙境为原型。汉武帝在长安建造建章宫时，在宫中开挖太液池，在池中堆筑三座岛屿，并取名为"蓬莱""方丈""瀛洲"，以模仿仙境。此后这种布局成为帝王营建宫苑时常用的布局方式。如果说城市以功能性为主导（"载道"），建筑表达人造理想世界（"言志"），那么，园林可以说是反映人内心的理想世界、理想生活（"情趣"）。

现代城市居住园林也有类似的作用。室内居住空间从几十平方米到一两百平方米，对于现在的小家庭而言，可以满足基本的生活需求。城市和社区公共园林是一个可以满足各种心理需求的场所。现代生活中必不可少、能缓解生活压力的亲近自然、社会交往、健康生活、家庭亲子都可以在公共环境里进行。欧盟委员会 2000 年的宣言中指出"要认识到人们居住和每一天使用的日常景观的重要意义，它对于人们的生活品质非常重要"。的确，一个好的公共环境可以极大地提升使用者的生活品质和幸福感。

园林设计行业对于社区景观的认识和实践在这些年已经有较大的变化，从几年前对视觉体验的重视逐渐转移到对生活的关注和社区文化的营造。在"公园里"项目中，我们认为社区景观是社区文化形成的重要媒介和载体。新建成的社区需要创造尽量多的机会让居民互相认识，让居民形成认同感和归属感。现代社区内部的功能性场地包括儿童活动场地、老年活动场地、家庭式活动场地都能起到这些作用。

4. 设计源于自然

中国传统园林讲究"虽由人作，宛自天开""师法自然"：自然山水园林摹写自然，堆石造山凿渠引水，以模拟各种自然景象。日本枯山水以石为岛、以沙为海，体现的

图2

图3

也是一种对自然的观察和感受。园林始于将遥不可及的（心里的或远方的）自然搬到日常生活中来，不管是汉武帝建章官的"一池三山"，还是以杭州西湖为蓝本的颐和园，都可以算作此类。设计的出发点和灵感来源都是大自然。古人可以模拟的大自然是山川、河流、湖泊，这些是人能够直接把握和感悟到的东西。随着现代科技的发展，借助科技工具，人类可以理解和认知的自然范畴已经极大地拓展了：从河流到海洋，从山川到冰川，从月球到宇宙，从地貌到地质，从昆虫到动物，从细胞到花草。因此对我们来说，在设计时"师法自然"的范畴也相对宽泛了许多，各种"自然"都可以是设计灵感的源泉（图2）。

司空图在《二十四诗品》里写道，"乘之愈往，识之愈真，如将不尽，与古为新"，意思是大自然中蕴藏的美景难以穷尽，诗人只要用心体察就能把握自然的真谛，就能创造出新的诗句，即使古人写过的题材，也能创出新意。对于景观设计师来说，未尝不是这样。对比建筑，园林景观的基本材料和语汇在过去上千年变化不算太大，还是土壤、石材、植物、水这些自然的基本元素。但是随着科技的发展，一方面我们可以应用这些基本元素的手段变多了，另一方面，我们对自然本身的理解也加深了，设计应该能够推陈出新，做出新意（图3）。

5. 设计传递美好

现代园林景观设计职业教育和实践，受西方景观教育实践的影响，普遍比较重视理性逻辑思维，重视对场地功能等方面的分析、梳理和推导，而相对忽视设计师自身的感受。相对于理性思维来说，"感受"更加难于传达和表达，也更加难于在教育和实

图4   图5

践中被强调。但是，我们认为"感受"是成为设计师的根本。宋代山水画家范宽，居住在终南山，感受自然山川、云烟风月，领悟到"前人之法未尝不进取诸物，吾与其师于人，未若师诸物也，吾与其师诸物，未若师诸心。"他的山水画从师法前人，到师法自然，再到师法内心。画作出于自然而又高于自然，成为后世典范。美国著名设计师劳伦斯·哈普林（Lawrence Halprin）多次游览美国加州国家公园优胜美地，观赏自然瀑布，体察山石流水，并将自己的感受和体会创造性地再现在一系列的现代城市广场景观中，传递美好的事物给城市居民。理性逻辑思维固然重要，对于大尺度的区域城市景观、生态景观来说很有意义，但对于造园这种创造性的工作，仅仅通过理性思维和逻辑推理是不可能做好的，必须充分发挥设计师主观的感受力。

　　苏州古典园林中对于水的应用非常普遍，可以说是无水不成园（图4）。但出于技术的限制，对于水景的表现往往只能采用静态的水体，如溪流、池塘等。在现代的技术条件下，我们可以做出更有意思的水景，可以和人的关系更密切、更为互动。"公园里"项目中，我们决定在两个商业广场上做可参与性的水景后，就开始思考什么样的水景最适合这里。常见的商业广场上可参与性的水景不外乎旱喷和薄水面，我们当然可以"师法前人"，做一个旱喷。但我们一直想尝试一个设想：我们曾经在美国东海岸海滨小镇工作和生活过两年，经常在海边闲坐，觉得海边最感人的莫过于连绵不绝的海浪拍打沙滩。在上海定居后发现，虽然上海离海不远，但由于江浙沿海岸并没有优质沙滩，生活在这里的人，与海近在咫尺却无缘可以嬉戏的海滩。所以我们就想是否可以做一个都市海滩？让城市里无缘真正海滩的人也能有在海滩上的美好体验。很幸运，这个设想得到甲方的支持，我们联系专业水景公司进行了咨询和试验，最终在有限的资金和时间内建成（图5）。

直觉与理性①

——北京五道口"宇宙中心"旋转广场

1. 背景

近年来，由于互联网技术的日新月异，不可避免地对人们传统的生活方式产生了巨大冲击。其中，网络购物逐渐取代实体消费的情况尤为明显。包括大型商业综合体在内的实体商业均不同程度地面临着因人流不足、需求下降所致效益低下甚至亏损等问题。部分商业开始着眼"互联网＋"进行产业转型，以适应时代变革；部分商业则将目光重新聚焦在"顾客至上"的服务业根本。过去以单一消费为目的的实体商业已衍生出包含休闲购物、餐饮娱乐乃至观光度假的综合体模式。正是基于这一背景，匹配商业综合体的城市开放空间设计也面临着新的挑战和契机。

本案位于北京海淀区五道口城铁站旁，坐落于优盛大厦（U-Center）东侧，是一处介于建筑与自行车停车库间的狭长硬质空地（图1）。众所周知，清华、北大等知名高校及大量办公写字楼都坐落于五道口商圈，设施配套齐全，一直以来都是青年学生、时尚白领青睐的重要区域。本案业主计划将该空地优化为配套商业的城市开放空间，并期望通过设计的策略改善人群消费体验、营建具备活力的标志性景观。基于现状条件及综合分析，设计最大的挑战是如何激活较为乏味的建筑边角空间，并将其打造成为具备场地特质的城市开放空间。

①原文发表于《景观设计学》，选编时作者对文字及配图作了删改。张东，唐子颖. 等待下一个十分钟——北京五道口优盛大厦广场改造[J]. 景观设计学，2016,4(6).

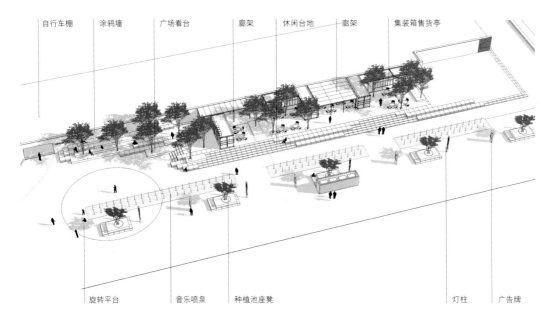

自行车棚　涂鸦墙　广场看台　廊架　休闲台地　廊架　集装箱售货亭

旋转平台　音乐喷泉　种植池座凳　灯柱　广告牌

图1五道口轴测图

2. 策略

2.1 主题植入

是否在设计中植入符合场地特性和愿景的主题，是本案所要面对的首要问题。优盛大厦东广场作为一处建筑边角的狭长空间，探究其空间特质究竟为何，是设计方无法回避的问题（图2）。实际上，优盛大厦西广场和北广场于几年前进行过一次常规的景观改造，虽可满足使用的基本需求，但也使得场地以穿行功能为主，很难成为一处活力目的地。受到建筑规范、消防规范、边界退让红线条件等限制因素的影响，城市中建筑界面外所剩的开放空间同质程度较高（图3）。在应对同质化较高的建筑环境时，设计师通常会采用标新立异的造型方法去凸显其独到之处。然而，我们认为纯粹依靠夸张的造型并不能为场地带来持续性活力，表面的形式也并不足以支撑场所的独特性。

优盛大厦中的"优（U）"通常被人认为指代"宇宙（Universe）"，故优盛大厦也被戏称为"宇宙中心"。源于对宇宙浩瀚的时空联想，让人不经想起霍金在《时间简史》

中的论述——空间与时间一定存在着奇点，而最著名的奇点即是黑洞里的奇点以及宇宙大爆炸处的奇点。出于空间和时间的宇宙概念，我们提出了这样一个主题概念——"等待下一个十分钟"。在场地中设计了一个转盘喷泉（图4）。简单的一排旱喷，一排树，几排座凳。尽头的一组喷泉和树在圆盘里，可以转动。这个转动每小时持续50分钟，当转盘里的这组喷泉和树回到原来的位置时，其他喷泉的泉水开始涌动，喷水持续10分钟。然后继续下一个50分钟的转动，等待下一个10分钟的喷水。

宇宙中有无数类似银河系的星系；银河系有无数像太阳、地球一样的星球；宇宙并不是一个空间，而是由物质组成的像胶状物一样的引力场……那么生命不只是渺小，生命在宇宙中到底是什么？爱因斯坦猜测，时间是一个变量。也就是说，一秒钟可能很长，距离太阳远近，时间是不同的；双胞胎中住在山上的和住在海边的会老得快慢不一样，当然还有双胞胎悖论……那么生命在不定的时间里是怎样存在的？空间无限，人类能感知的空间是宇宙空间里的沧海一粟；时间无限，人类数千年的历史在宇宙生命长河中也是沧海一粟。作为个体的人，所能感受的空间和时间更加有限：从毫米到千米，从秒到年。转动一个小时，是我们设定的一个时间的度量器（measurement），让人在有限的空间里感受一段时间（60分钟）的流逝。该主题的引入力图让使用者在有限的空间中获得感受时光流逝且循环往复的宇宙观，也借此凸显场地特性。

图2

图3

图4

图5

图6

图7

2.2 空间弹性

城市开放空间的设计往往面临两难选择：有人认为，优质的城市开放空间应该是具备弹性的，往往透过一种"空的"形式使其获得更大程度的可能性。然而，一般情况下城市开放空间对可能性的要求或许并不高，但原则上，对空间的使用需求至少应当清晰，应对时令季节、工作节假等不同时序进行梳理、调整。在北京这样四季分明的都市中，优盛大厦如何在不同时段下展现其魅力呢？商业广场需要在不同状态下都能表现出吸引力。它既不能为了偶发性的商业活动而平常空空荡荡，也不能内容过于丰富给商业活动诸多限制。设计对场地弹性程度的思考则显得尤为重要。

出自对场地特质和空间的理解，我们认为场地不应是空的，而应是各种事件发生的引力场。设计中恰如其分的"度"就是刚刚能激发设想的活动，但并不过分地限制其他活动的可能性。空间的形式需要简单，但是人在里面的活动有很多可能性。对于该场地功能的处理，我们充分考虑到了空间弹性：场地东侧和自行车棚相邻区域设计为台地座位及少量商业外摆区域；场地中央部分保持开敞，入口直径18米的旋转广场由于旋转速度的设置，可以确保不会影响行人穿越；位于场地中央的喷泉浅水池可以在平时增加场地活力，在冬季或商业活动期间关闭水景成为开阔广场；场地西侧留下消防通道和日常主要人流通道，设置了一系列与座凳相结合的种植池。场地的活力在不同空间的不同时间段有不同表现：在台地座凳区，清晨有学生在安静地背GRE，中午三三两两朋友闲坐聊天，晚上有商业活动时，台地

图8   图9

座凳区是一个很好的观众席区(图5、图6)。中央的喷泉浅水池可以是静谧的倒影池,可以是儿童戏水池,也可以是商业活动时的秀场,空间的设计是微妙的,需要提供各种事件发生的可能(图7)。场地里看似只有几个简单的景观元素:树、座凳、水,虽然元素只有这些,但并不是只有元素本身那么简单。

2.3 场地参与

本案中的"场地参与"并非指利益相关者(Stakeholder)参与到空间策略制定的工作当中,也非单纯的公众参与性活动,尽管这两者意义重大。但在本案中,我们更希望通过这样一种"场地参与",依靠设计激发公众进行一些思考,并使其生动地融合到富有活力的场所画面感当中。

相对于参与度和参与方式比较简单的传统景观空间,在城市商业空间里,人的参与可以说是场地的灵魂,它是设计的出发点和目的地。很多人来到或者说途经这个不起眼的广场,突然发现地面在转动,于是驻足观察。地面灰色、白色的砖一点一点地错开、移动(图8)。有的人好奇心大起,跨到转盘上的座凳,开始慢慢等待将会发生什么;有的人童心大起,把一只脚放在转盘上,看着自己的两只脚渐渐分开、渐行渐远;有的人等不及看结果,匆匆拍一张照片留个纪念。如果刚好在喷水时赶到,十分钟以后可能会注意不到还会发生什么,感慨这喷水的时间太短暂;有的人干脆坐到转盘上的种植池座凳上,随着转盘的旋转静静地观看人间百态。该场地设计如同给使用者提供了一个舞台,场地本身不是目的,场之中的人才是这个舞台的主角(图9)。

3. 讨论

3.1 直觉与理性

经过训练的景观设计师通常在项目前期会对场地进行详尽的分析，并希望以此获取逻辑充分的方案策略。似乎经过数学模型进行场地地理信息分析后，设计就自然产生一般。但我们认为纯粹的逻辑推理与方案设计之间的关系并不必然。这里并不是否认场地分析的重要性，而是认为纯粹依照理性分析或许会失去设计所特有的魅力——来自直觉的创造性。从以往经验来看，被公众更深层次所接受的项目通常是由设计师介于直觉与理性相互交织的过程中推导而来。

优盛大厦广场景观改造可以说是基于直觉与理性思考而来的典型项目。当经过现场踏勘及与业主初步交流后，这块空间的基础条件和愿景已很清晰，但对于这块"空"的城市小型开放空间而言，更多的逻辑推演和空间分析似乎也已失效，无法进一步形成一个"有趣"的概念。实际上，旋转喷泉概念的形成有着很大的偶然性，虽然不能过分称之为"灵感"，但概念形成确实是出于一系列的偶然巧合。在乘坐从北京返回上海的高铁途中，设计师们围绕着场地"宇宙中心"进行轻松交谈。一系列问题不经接踵产生，"如何思考宇宙中时间顺序性及持续性与空间方位性和广延性间的辩证关系？又如何去将其表达和体现……宇宙是否在永不停止地旋转？"，在这样初步的感性和发散思考之后，也辅以符合场地实际情况的理性研究：参阅二手资料了解宇宙的时空概念和关系，并设想到采用旋转餐厅的技术创建一处可旋转的广场 (图10、图11)，

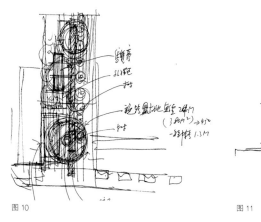

图10

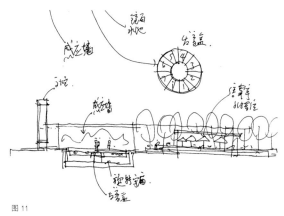

图11

进而推导旋转餐厅技术的原理及在场地中设置的可操作性。造价及运营维护成本是多少？概念汇报通过之后，进行下一步的推敲设计，包括转盘尺度、如何整合水景、如何与地下车库顶板衔接、如何妥善考虑种植覆土、如何透过铺面强化转盘效果等。以上技术问题都需要相对的理性思考来完成。设计之初，凭感觉画出的各种尺度在具体深化的过程中也通过理性分析被进一步修正；水景以及种植池的具体做法也受到地库顶板覆土厚度因素的限制，需要进一步推敲和调整。然后，在更细微的方面，比如材料、色彩、质感的选取，台阶座凳的穿插，又需要应用直觉。因此，优盛大厦广场景观改造的设计过程可以说是一个直觉和理性相互交织的过程（图12、图13）。

3.2 景观语汇拓展

事实上，景观的语汇在过去很长时间都没有巨大的变化，基本上还是围绕着植物、土壤、水、构筑物等元素进行展开。相对建筑而言，景观中所运用的材料变革更是十分缓慢。然而，景观设计师们创新的意念和前进的步伐从未停止。设计师职业的成就感不仅在于完成了哪些项目，而更多的是在于在项目中进行了哪些新的尝试。所有创新的尝试，哪怕再微小，也是件非常有趣的事情。比如喷泉，早期对喷泉的认识是由于地下压力作用形成天然的喷泉。而后在文艺复兴时期，意大利园林通过采用铜管将水引入花园，利用水位的高差形成喷泉。工业革命后，水泵的广泛使用使得现代喷泉在技术上实现变得更加简单，然而早期水泵的发明更多的是用于农业灌溉。现如今随着需求的变化，喷泉在景观中也延伸出诸如旱喷、音乐喷泉、灯光互动喷泉、跳泉、

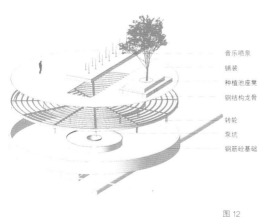

图 12　　　　　　　　　　　　　　　　　　　　　　　　　　　　　　图 13

图 14

雾喷等多样的形式。通过优盛大厦广场景观改造使用旋转喷泉的尝试，我们发现景观设计师从现代科技中汲取的能量似乎太小。事实上，许多在其他行业内已经成熟的技术完全可以在景观建设中得到应用和推广。就比如说这个大转盘原理，在建筑中的旋转餐厅、游乐设备的摩天轮、工程机械的转盘轴承，甚至军工方面的雷达和坦克等方面的应用都已非常成熟，所以转盘在景观上的应用同样可以有许多的可能性（图 14）。

3.3 可持续性

优盛大厦广场景观改造中探讨了一种可能的城市小型开放空间的可持续模式，即增加"私有的"开放空间的可能。事实上，对于城市居民而言，其更关心开放空间的品质和数量。本案在业主建设用地范围内，创建完全对公众开放而由业主经营管理的城市开放空间，并与区域周边开放空间有机整合。当然，作为商业广场，业主持续性投资室外公共区域以提升商业人气，以此获得更多的商业回报。出于商业回报的目的，业主对项目品质持续性的重视，愿意与包括景观设计师在内的相关人员进行有效沟通和配合，使得本案为公众提供了优质的城市开放空间。

甲方以往谈到景观的可持续性，第一时间联系到的是景观生态环境的永续经营。

而对于城市开放空间而言，项目在经济上的可持续性更为重要。在设计阶段与甲方沟通时，甲方往往会要求建成后景观应尽量低维护，甚至不用维护。之所以想要对景观低维护，主要还是认为维护景观的成本投入并不能得到好的经济回报。其实，低维护并不应该是任何项目都追求的原则和目标，这就比如不同人对自身护理要求不同一样。出于后期经营的考虑，张唐景观和甲方在方案阶段探讨了在场地上布置一些可移动式集装箱，可为该开放空间提供商业服务，并获得适当费用维持广场的日常维护。

　　显然目前来看，这是一种灵活且双赢的举措。由于变革的方式往往会受到现有管理条例的限制，简单定量的建设标准并未妥善考虑空间的弹性和潜力，而一些发展较为成熟的城市会选择倾向于让业主对商业开放空间自主管理经营，纽约市在城市公共空间管理方面的政策就进行了该方面的引导。合理制定的管理和运营政策是项目成功的很大因素，如何在我国城市小型开放空间中运用适当的激励机制值得思考。

　　宇宙中心的转盘喷泉，试图激发人们对时空的想象。感受时间的快慢，想象地球的运转。也许，设计师的指向，未必就是受众的指向。而设计意图能否被受众感受到，也许，这并不重要。

参　与

Participatory

人与自然

本书前四章中，"极简"关注的是审美和价值观；"耐久"关注的是设计本身的品质；"共享"谈论设计改善人和人之间的关系；"共生"谈到的是项目和社会互利互惠。在本章中，我们关注的将是人和自然的关系。

"参与"不仅是指人参与到项目里，或者是常规所说的项目的参与性，虽然这一点也很重要。我们讲的"参与"是在对"人与自然的关系"反思的基础上提倡人与自然的深度参与。作为景观设计师，不管是在城市的尺度还是在私家庭院的尺度，所做的事情概括起来可以说是搭建起人与自然联系的桥梁。通过我们的设计，让人能更加有效地与自然联系起来，从而增进和自然的关系、感情，最终和自然友好、和谐地相处。

与其他国家相比，中国有许多特殊性，这使我们的生态环境面临更大的挑战。第一，我们有世界上规模最庞大的人口，比之拥有相似国土面积但人烟稀少的澳大利亚、加拿大，对我们来说人与自然之间是完全不同的相处模式，和谐共处是一个更为严峻的问题。第二，改革开放以来，我们维持了三十多年高速的 GDP 增长。以经济增长为前提的高增长率，对环境造成的影响是长远而潜在的——资源开采、能源消耗、工业污染、土壤退化、水体污染、森林砍伐、空气污染……一切都还要乘上我们巨大的人口规模。第三，我们的庞大人口还在进行一场大规模的迁徙运动——史无前例的城市化。城市化造成了地表形态的巨变，不仅农业文明留存至今的大量农田转变为建设用地，森林、湖泊、山河也难以幸免。我们以愚公移山的气魄改造着中国，却不知道将要面临什么结果。

虽然中国历史上强调"天人合一"，但如今的情况却令人唏嘘。一些人在保护环境和发展经济上会毫不犹豫地选择后者。原因当然是多种多样抑或复杂深奥，但究其根本还是认为环境不如经济重要，例如，认为空气的好坏不如衣、食、住、行等方面的物质条件重要。很难理解，一个人如果每天都去河边散步，带着孩子去河边跑步、踢球，去野营、钓鱼，在面对发展经济还是保护河水水质的问题时仍会毫不犹豫地选择前者而放弃后者。导致"重经济，轻环境"的情况往往是人们认为：破坏的是他人或大家的环境，而发展的是自己的经济。不自量力地说，景观设计师要重整山河，而社会更需要重整人心。否则，即使重整了山河也无人欣赏，无人爱护。景观设计师如果有志于挽救生态环境，就不能仅仅局限于设计本身，而要将一己之力放大，将生态意识传递给更多的人。

回顾历史，在中国的传统文化中，人与自然的关系是非常和谐的。无数的诗文都在描绘、歌颂自然。中国文人对自然有着敏锐的感知力，有一种超脱功利的审美态度。不仅如此，他们还喜欢将自然"人格化"。自然界的万事万物如同亲密的朋友一般，充满了人性。在过去的几十年中，一些人之所以对生态破坏表现得冷漠无情，部分原因是对生态环境缺乏切身感受。城市将我们隔离于自然，快节奏的现代生活又令我们的感官变得迟钝。我们对天空中的白云视而不见，直到雾霾笼罩，我们亲眼所见，置身其中，才恍然觉察到空气污染已经如此严重。

公众日常接触城市景观，很大一部分都是出自景观设计师之手，因此我们有责任通过景观设计重新唤醒人与自然的和谐关系。倘若我们所设计的景观能帮助普通人体察到自然的细微变化——体会水的温度、光的变化，懂得春江水暖、叶落知秋，那么，相信人们会更加爱护、尊重自然，整个社会将更容易形成共识，减少破坏环境的行为。重塑人与自然的关系需要全社会的投入，而这也许比景观生态设计意义更为深远。

人为生态

常规的城市公园中可以绿树成荫，花团锦簇，可以有水池、草坪、地形等，它们都是以人的休憩或观赏为目的。国内大部分城市公园、社区绿化都是这样以视觉或审美为主要目的的，尤其是在生态的理念和技术还未影响到我们的规划与设计行业以前。这种模式的设计思路并非完全不具备生态价值——仅仅栽一棵树都能具备保持水土、防风固沙、吸附灰尘等价值，更何况一片树还有可能为许多生物提供栖息地和食物。只是在这样的设计里，人类并没有充分发挥主动性去维护生态系统，人的活动和自然要素之间也并无太大的关联，主体与客体分别孤立存在，仿佛各行其道。

在生态设计逐渐成为当代景观设计重要组成部分时，人类与生态环境的关系，不论是普通人的认识，还是专业的生态学文献，人以及人的行为几乎都被当作负面因素来看待。追根溯源，也许是因为经典的西方科学本身就建立在人与自然对立的基础上，将自然作为一种客体，如此才能客观地探索和研究，最终建立起巍峨的科学认知体系。纵观该学科的发展历史，从过去强调的是认识自然、利用自然、改造自然，同时破坏了自然，到后来开始反思修复，整个过程始终是不自觉地把人与自然对立起来——既然自然应当受到保护，那么人类活动就是负面的，要加以限制。基于这种认识体系，目前的景观生态设计中人与自然生态系统相处的模式基本可以归纳成两种：

第一种是以人的活动和行为为核心，适当结合一些生态做法。纽约的布鲁克林大桥公园(Brooklyn Bridge Park)可说是这方面的优秀范例。设计充分考虑人的使用——提高场地可达性，创造宜人小气候，并因地制宜创造了大量活动空间，包括各种运动场、儿童活动场、露天剧场、多功能活动草坪、手划船、滨河观景平台、旋转木马等。面对两百多年工业发展所造成的自然河岸的破坏，设计师重新整理岸线，在这不毛之地上重新引入各种自然生境类型，重建场地生态系统；建立雨洪管理体系，利用人工湿地就地处理场地雨水；并在后续开发中尽可能保留和利用现有码头结构和建筑等。在许多活动空间里亦充分考虑人与自然的亲近（图1）。因此，公园投入使用后大受欢迎，甚至带动了周边用地的发展，以河岸的更新促进了城区的更新。布鲁克林大桥公园的成功向我们展示了兼顾生态效益和社会效益的可能性，促使我们探索人与自然进一步融合的方向。

图1

图2

第二种可称为类自然保护区模式。自然保护区是人类有了生态意识之后刻意限制自身行为对自然环境的影响而建立的"生态根据地"。以中国的自然保护区为例，内容大多划分成核心区、缓冲区和外围区 3 个部分。核心区严禁一切干扰，缓冲区只允许专业科研观测活动，只有外围区允许较多活动，如教育科普、动植物驯化、旅游等。建立自然保护区对一些生态脆弱的敏感环境地带有着非常重要的生态意义，而以生态保护为主要目的的自然保护区模式也影响到景观界，"最小干扰"理念在一些城市公园，甚至某些私宅花园得到实践。波特兰的坦纳斯普林斯公园（Tanner Spring Park）尝试了在一个非常小的地块内部重建一个生态系统，同时能够容纳少量的城市休闲活动。算是一次很好的试验（图 2）。

这两种模式中，前者偏重人类活动，后者偏向生态恢复，可视作一种高效改善环境的生态工程。这两种模式都意义非凡，并成为相应的体制或者实践的不二选择。然而，其失败之处是都有意无意地将人与自然对立或分离，没能建立起人与自然的亲密关系。

总的来说，人类对生态的认识，无论从宏观方面，还是具体学科上，无时无刻都在进步。当年芝加哥的千禧公园（Lurie Garden）以及后来纽约的高线公园（High Line），里面的种植设计都是皮特·奥多夫（Piet Outdof）的代表作。皮特·奥多夫倡导的植物景观在生态方面是一大进步。他提倡并且实践使用观赏草、草花类的下木设计，为园林界长期使用并受限于灌木类下木开启了新的篇章。然而，高线公园的植物设计在使用中受到了质疑，原因之一是大量的人工维护让"自然"像"自然"，仿佛并不是一件自然的事情。2017 年美国景观设计师协会（ASLA）洛杉矶会议中，我们有幸结识了托马斯·莱纳（Thomas Rainer），并获赠了他的新书 *Planting in a Post-wild World*。交流中我们了解到，他的植物设计生态观念是，让人工的植物设计符合人工的环境。这是关于一个新的自然的概念——一个野生和人工驯化的结合体（a hybrid of both the wild and the cultivated[①]）。他认为，人类不必要追忆以前的环境、后悔过去的做法，那些都是人类进化中必然的、不可避免也无法重来的。我们需要面对现实，积极地寻找符合现代生态环境的设计方法，比如城市中的热岛，不断被废弃的工业场地，等等。这样，一个经过设计的植物群落（a designed plant community）成为应对现

① RAINER T,WEST C.Planting in a Post—wild World:Designing Plant Communities for Resilient Landscapes[M]. Portland:Timer Press, 2015:11.

代社会生态环境系统的目标。然而，托马斯又强调，尽管经过设计的植物群落确实提供了生态性服务，它们却不一定是实实在在的生态系统[2]。他虽然非常乐观地相信它们的生态潜能，却仍然保持一种谦虚的态度：一个真正的生态系统是动态的、不断变化的，是经过上亿年的自然选择和更替的。人类可以做的只是不断地学习、不断更新，就像自然本身的不断进化一样，而不必自吹自擂"人定胜天"之类的虚妄之言。

除了皮特·奥多夫设计中的植物美学，托马斯更强调植物之间的功能，比如原生场地对植物的"记忆"，新介入的植物品种与原有植物之间的容纳或排斥。不仅仅是设计理论与科学的研究方法，托马斯还与合作者克劳迪娅·韦斯特（Claudia West）拥有自己的苗圃和实践场地，并努力把自己的研究推向实际的应用中。

景观实践中，我们赞成这种面对现实、解决实际问题的研究态度。这样的生态观念也更加契合我们的设计理念：宽泛地理解人类在自然中的位置，不夸大人在自然中的作用和地位，也不消极悲观地任其所为；在已经破坏的、恶劣的人工环境中（无论城市或者乡村），让人与自然的关系重拾平衡并且更有可持续性。

参与自然

生态保护与人类自身的福祉就如同太极图的阴阳两面，相互矛盾又相补相生。我们需要寻找两者的平衡点——这个平衡点常常是因时因地而异的。例如在地广人稀的山区，可以很容易建立起大型的自然保护区；而以城市公园的区位，却不可能将人类活动排除在外，相反必须充分考虑人的需求。这不光是基于经济上的考虑，同时也有生态学上的意义。在同样的人口规模和同等活动强度的前提下，人类活动的适度集中，意味着有更多的土地可以被保留下来，令其原始生态得到更好的保护。

城市是人类活动聚居地，大量的城市公园不可能全都为了生态恢复而限制人类行为。若真如此，在城市中生活的人们便无处可去，这必然会降低人们的生活品质，抑或促使人们去城市郊外活动，从而产生更多的碳足迹。由此，我们思考是否有更好的

② 原文：… While designed communities may indeed provide many ecological services,they are not necessarily true ecosystems.RAINER T,WEST C.Planting in a Post—wild World:Designing Plant Communities for Resilient Landscapes[M].Portland:Timer Press，2015:38.

方式，能够将保护生态与充分满足人类活动相结合，以更人性化的方式达成人与自然和谐共处的目标。

　　原始的人类，衣食住行、生存繁衍，一切都凭着双手双脚，亲力亲为。那是人类与环境合二为一的阶段。后来随着火的发明，取暖、烹饪、照明，既照亮了人类的智慧之光，又让人们渐渐学会了利用大自然的能量造福自身；然后人们从水的流动和下落中得到启示，发明了水车用来灌溉农田，用来舂米磨面；从风的呼啸声中获得灵感，发明了风轮用来制盐，做起帆来让风的动力代我们划船，不仅如此，继而脑洞大开还发明了风扇车、鼓风机，用人力造出风来筛选谷物、冶炼金属。其中最为经典的例子就是荷兰人民更是将自己的国家变成了风车的国度。在人类生活的进化演变过程中，人力和自然力是并存而且相互配合发展的。

　　如今水车、风扇机早已成为古董，风车更成为旅游景点的装饰物，因为实际生活不再有它们的用武之地。过去，通过这些机械的运作我们将自然元素的结合其实是一种单向的利用——基于我们需要大自然的力量，而大自然有无穷的能量恩赐我们。现在，电能已经解放了大量的劳动力，我们不再需要原始的自然之力，而大自然也已被人类的活动破坏得满目疮痍。鉴于此，我们需要重新认识人力的价值，让人重新参与到生态过程中——以一种新的、更积极的、非破坏性的方式。

　　景观设计充满了无限的可能。同样是水，我们可以用电能驱动水泵喷出美丽的水柱，尽情享受现代文明带给我们的欢愉，也可以怀抱对生态的责任感默默地做好雨洪管理，让雨水渗入地下，打通天然的水循环。我们还可以更进一步，设计出有趣的互动装置，让人们亲自参与到水的净化、雨水的收集过程中。尽管人力对自然界的水循环整个过程的贡献是非常微弱的，但是积极地参与可以教育、启智，甚至为将来人与自然相处模式的探索提供启发。

　　通过智慧，我们得以免受劳苦，却与自然渐行渐远。通过智慧，我们也可以创造机会让人们重新参与、感受、认知生态过程，借此回归自然。重新认识人的价值，让人积极参与生态过程，目的并不在于人的行为本身。因为即使我们再卖力，对生态系统所产生的实际影响也是有限的，正如托马斯·莱纳所言，自然系统是上亿年自然选择与演替的结果，通过设计来复制一个真正的生态系统的所有动态变化是很值得怀疑的。我们期望借由参与达成的，是重建人与自然的感情，使人们发自内心地爱护自然。

正如前面的章节所述，我们在社区项目中秉持共享的理念，希望借共享空间来促进社区文化的形成，使人们产生具有"拥有感"的主人意识，从而主动地维护他们所生活的家园。在生态问题上，我们之所以倡导参与，也是基于相似的思维方式。今天，生态问题得到全球各个行业空前的重视，各种高端会晤商讨着生态议题，各路媒体宣传着低碳生活，但是人们的日常生活实际上很少触及生态，许多人对生态的理解非常粗浅，仍停留在青山绿水的表面印象上。我们希望通过参与式的景观设计，寓教于乐，使大众正确理解生态的原理、过程、意义，从而树立健康的生活态度与模式。这样的教育意义，甚至比设计对其周边环境的影响更深远、更持久。

蔡元培曾在 20 世纪初提出"以美育代宗教"，认为美育可以"陶养吾人之感情，使有高尚纯洁之习惯，而使人我之见、利己损人之思念，以渐消沮者也。"以创造美好环境为目标的景观设计，当属美育教育之一。蔡元培将人的精神力量分为三种："一曰智识；二曰意志；三曰感情"。今天我们若把生态意识和行动视作一种德行，需要一定的意志来推动，那么多数的宣传教化都在试图以智识的普及来达到目的。景观设计当然也可以进行智识教育——可以将生态污水处理的整个过程展示给公众，可以设计漂亮的指示牌来解释雨水管理的整个过程。但我们还可以推进一步，以美好的环境，并以参与和互动来增进人与自然的感情，通过陶养而建立起人们的生态意识。

在人类文明发展及社会进步的过程中，人头脑类的地位越来越高，身体却日益被动、僵化。然而我们还没进化到头脑可以独立生存，身体通过直觉、意识所感知到的仍然是最能刻骨铭心的。水、风、日光、四季更替，这些构成大自然的最基本的元素，有着最微妙、最丰富的变化。它们同样随着社会的进步与人们越来越疏离。我们希望以景观为桥梁，把水的循环、风的流动、光的变化等等以一种有趣的、人可以参与和互动的方式放大并呈现到人们的面前。人们在日常生活中可以感知到自然的过程，并理解人类活动对地球生态系统的影响。我们相信，一切尊重都是建立在理解的基础上，而生态的意识正是在这样的尊重与理解的基础上逐渐形成。

　　当我们将生态理论与技术应用于景观设计中时，我们也需要尽可能与公众分享我们的知识和理念，让公众也能了解污水可以经由植物来净化，并向他们展示净化的整个过程；让他们了解到城市建设的哪些部分（比如大面积的地下车库）阻碍了自然界的水循环，哪些部分（比如城市街道的点状排水）加剧了洪涝灾害，我们建造的花园如何来帮助雨水下渗，从而恢复被混凝土切断的水循环；最终，自然水循环于人类社会的意义在哪里，为什么重要，等等。虽然大部分时候我们接触的项目尺度不大，实事求是地说，即使我们考虑再多的生态关系，使用再多的生态技术，也只是针对这一块小环境，对城市大环境的整个生态系统的影响是极其微弱的。只是一方面积少成多，另一方面我们可以将生态知识和生态意识传递给公众，让景观设计具有更深的教育意义。

Celebrate the Harmony of Ecological Function and Cultural Perceptions: 1
Integration of ecological water management and Chinese traditional gardening in 2008 Olympic Forest Park

Question:
Ecological design is recognized on one hand as being important because of environmental deterioration in urban areas. On the other hand, the universal ecological design approach tends to ignore the local culture, aesthetics, and artistic considerations. Its messy appearance is not always readily recognized, and its function is sometimes invisible. Therefore, ecological design cannot be widely adopted by designers and accepted by the users. The exploration of integrating ecological function and cultural perception is a crucial topic for landscape architects.

We chose the 2008 Olympic Forest Park in Beijing as a case study for this project because of two crucial issues Beijing faces at present:
1. The worsening ecology environment (especially the more and more serious shortage of the groundwater). In the recent 10 years, annual rainfall in Beijing descends to 400 mm, which is the half of the 50 years before. The absence of groundwater has already caused an environmental crisis in the city;
2. Culture heritage. Beijing is an ancient city with 800 years of history. How to conserve and develop both Chinese history and culture in 2008 Olympic Park, which is located at the end of the north of the city axis from the Forbidden City, is an important issue that raises world concern.

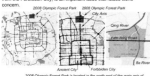
2008 Olympic Forest Park is located in the north end of the main axis of Beijing from Forbidden City. It is about 700 ha, and one of the parts of 2008 Olympic Park in Beijing. The existing site is an abandoned farmland that is going to be an isolated green space surrounded by the urbanized buildings.

Concepts:
Given these issues, our idea is to integrate ecological water system restoration and Chinese traditional landscape perception. The design will recharge groundwater in an excessively developed metropolis area by using ecological water management methods; at the same time it will provide a public recreation and ecological education park with Chinese historical and cultural landscape perception. 2008 Olympic Forest Park in Beijing is to include Chinese cultural and traditional values for the appearance of landscape to be placed in an ecologically recognizable context.

Based on the study of modern ecological design method and traditional Chinese landscape gardening, we address the integration in five aspects:
Idea 1. Land-based hydrologic Circulation & "Mountains and Water gardening"
In the past decades years, land-based hydrologic circulation has been practiced in the West (especially in America) to deal with storm water, wastewater, or urban runoff by grading a series of basins, ponds, swales or created wetlands. In urban areas, it is an effective ecological methodology used as water quality improvement and groundwater replenishment of water supplies.
In Chinese traditional gardening, digging earth to create a lake and piling the earth around it to be a mountain is a basic principle in garden creation, which is called "mountains and water garden". Emphasizing life lived in spiritual harmony with nature, it is one of the most important Chinese traditional landscape perceptions.
Based on the similar approach of earth moving and grading landform in the site, we integrate the main tradition landscape perception, "Mountain and Water garden", with water management function as the main concept of our design.

An island in Summer Palace
A modern ecological water basin   A Montains and Water garden

Idea 2. Dimensions of wet basins and ponds & "Gardens in a Garden"
Wet basins and ponds are usually designed as a main element in waste water management in the land-based hydrology system. The dimensions of each wet basin and pond will be considered according to flow velocity and infiltration rate. Pre-selected dimensions (volume and depth) and predetermined infiltration rate should be considered according to the local rainfall data. The purpose of them is to slow release and to detain storm water/ wastewater/ runoff, to improve water quality, and to allow some water to infiltrate on site prior to any release back into the natural system.
"Gardens in a Garden," in Chinese traditional gardens, is a strategy to develop a big garden in appropriate scale that is comfortable to be used for every day life. Small gardens are separate but also have relationships between each other. They are designed based on human scale and people's activities.

A diagram of wastewater management   Yuan Ming Yuan, an example of "Gardens in a Garden"

According to the dimensions of each wet basin and pond, we determine the scale of the small gardens. It will decide how big each small garden will be in the whole garden. The combination will have an appropriate dimension for dealing with both waste water and people's activities.

Idea 3. Water treatment process & "Courtyard Water system Regulations"
In the series of wet basins and ponds, everyone will have their own functions: hold up solids in the runoff, sediment pollutants, or infiltration etc. For example, detention pond is slowing down of surface flows as they move away. The purpose of it is to suppress downstream flooding and erosion by reducing the rate of flow. The term retention here refers to infiltration. It is also known by the name of "recharge", because it replenishes underlying groundwater.
Courtyard Water Regulations are the important Chinese gardening principles. The basic idea is that the wholeness should be divided into separated but related partialness. Each part will be an interest center with different characters and themes.
We design different themes and characters bonding the different ecological functions of the series of the wet basins and ponds. People will be educated by the ecological wastewater treatment process, at the same time enjoy the Chinese classical garden art.

Idea 4. Curved swale for flow velocity control & Various Turnings and Windings in Chinese garden
The meandering water moving path will settle the velocity of suspended solids from runoff. It is one of the important approaches for flow velocity control in the wastewater treatment system.
All the corridors (visual, circulation, and streams etc.) in a Chinese traditional garden are turning and winding instead of straight linear. They are designed essential for creating surprise, serenity, and solitary.
The integration of these two characters will create the functional winding streams with strong Chinese garden perception.

Idea 5. Ecology Functional Details & Traditional characters and symbols
Adding aesthetic value to the process of ecological landscape restoration and management is significant to changing attitudes and perceptions and furthering the integration of natural process and the urban landscape. In the detail design, we will integrate traditional landscape architecture character and symbols with ecological function.

Master plan
We use Idea 1- Land-based hydrologic Circulation & Mountains and Water gardening, as the big idea of the master plan. 2008 Olympic Forest Park is considered as a green center for urban water replenishment, especially for Beijing groundwater replenishment. At the same time, Chinese Mountains and Water gardening will be perceived by using grading and creating landform in the whole site. The on-site and surrounding urban area runoff will be collected and piped to edges of the site. By grading the site, we create a series of wastewater treatment wet ponds to treat the runoff. The clean water will be led to a big reservoir in the center of the forest park, where the water will infiltrate and recharge the groundwater. To avoid the ponds being rank and anaerobic during drier season, a constant flow of water for the wet pond is indispensable. A man-made channel combining two rivers, Qing River and Bar River, is designed around the site to provide constant flow during dry seasons.

Idea 2, Dimensions of wet basins and ponds & Gardens in a Garden, is used to determine the pattern of the scheme and the scale of the gardens. We use "Gardens in a Garden" principle to develop 14 small gardens along the site as the function of wastewater treatment, dealing with the runoff gathered both from on-site and the surrounding urban area.
According to the dimension of each ecological basins and ponds (from 0.2 ha to 2ha with 0.6, 1.8, and 3.0m depths), each block of "treatment plant" in 700 ha 2008 Olympic Forest Park will be 20 ha. Each block is about 400m by 500m, which could further be divided in to several smaller gardens by landform and wet ponds. Cut and fill will be balanced by moving the earth as ponds and hills. The largest "hill and lake" garden in the middle of the area works as the final retention basin.

In order to blend the recreation and ecological education, we also design playgrounds adjacent to the urban community blocks at the entrances to the gardens. Parking lots are designed between each of the small gardens and are shaded by the landforms along them.

Master Plan

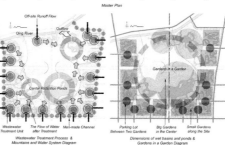
Wastewater Treatment Process & Mountains and Water System Diagram

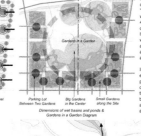
Dimensions of wet basins and ponds & Gardens in a Garden Diagram

Detail plan
We chose one of the fourteen small gardens as a model of integration water management and Chinese traditional garden character.
Idea 3, integration of wastewater treatment process and Courtyard Water Regulations, is used as the basic principle in the space organization. Wastewater treatment process: Five steps of wastewater treatment, plunge, sediment, filtration, restore, and infiltration, organize the water system and also determine the dimension of each space. Each space has different character and function, which is also relative to the ecological treatment process.
Idea 4, Curved swale for flow velocity control & Various Turnings and Windings in Chinese garden, was used to organize the transition of each space. The winding and turning stream will work for both ecological function and Chinese traditional landscape aesthetics.
Idea 5, Ecology Functional Details & Traditional characters and symbols, will run through the whole design. We will give the details both the artistic and ecological functions.

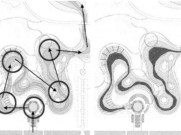
integration of wastewater treatment process & Courtyard Water Regulations Diagram

Curved swale for flow velocity control & Various Turnings and Windings in Chinese garden Diagram

生态功能与文化感知的和谐统一^①

——41 届 IFLA 竞赛作品

1. 背景／选题

1.1 竞赛要求

2004 年第 41 届国际景观联盟（International Federation of Landscape Architects，IFLA）
举行的国际景观设计学生竞赛主题是：

第一，"景观的整合与协调"：主要议题强调如何结合传统和现代，人工和自然，或
者各种不同的文化背景，从而创造一个协调的环境；

第二，项目的类型可以和以下主题相关："城市景观与公共活动""文化景观和本土
社区规划""游憩与景观保护""滨水开发和生态工程"。

1.2 生态设计

生态设计在目前已经是一种公认的重要的设计方法。但是一般的生态设计方法总
是会忽略地方文化、美学，以及艺术方面的考虑。而且，生态设计凌乱的表面并不能
总是被容易地认知，其功能往往是看不到的。因此，生态设计并不能广泛地被设计师
采用、被使用者接受。探讨如何整合生态功能和文化认知对于景观设计师来说是一个
非常重要的课题。

① 该文是在 2004 年张东、唐子颖获得 IFLA 竞赛一等奖后，应《中国园林》杂志社邀请撰写的一篇文章。虽然文章最终并未发表，但是却忠实并严谨地记录了该设计的思路，在十多年后的今天仍具可读性。

Water Level in July and August

Water Level in May, June,
September and October

Water Level in January, February,
March, November and December

The Terraces

The Circle

F

D

The Islands

E

The Walls

C

B

The Fountains

A

N   0 20M 40M   80M

Image D: the Terrace and plants

Gray Dogwood   Marsh Fern,
Common Cattail   Water Lily,
Lotus   Flood Level
Normal Level
Low Level

The Terraces
Contrasting with the second center, the hydrological character here is a smaller radius of the bank, but with a broader water surface. Considering that it will always be in flood due to the flow of water, we design a planting terrace along the opposite side of the bank. The types of plants to be considered include vanieties from flood plains, wetlands, and open water. Plants in the high meadow will have to deal with drier conditions. They could be trees, shrubs, grasses, and ferns. The low meadow having more periods of water for longer durations must be tolerant of higher moisture regimes for longer periods than plants in the high meadow. They (cattails, rushes etc.) will have to be able to produce their own oxygen at different times and still be able to handle dry periods. The plants in the water will be able to live under the water for most of the time. They will be Lotus, Water Lilly etc.

Image E: the Islands and Boardwalk

Zigzag Bridge in Chinese Garden

Boardwalk

Minimal disturbed Subgrade

The Islands
Several different scales of small islands are designed here, and they will provide more wild life habitats. In order to minimize the disturbance by people, a zigzag boardwalk traverses the site. People walking on the boardwalk can watch the wild habitats but can't touch them. The zigzag shape of boardwalk follows the Chinese gardening idea- "without straight line."

Image A: the Fountains and Window pattern plaza

Extended Nose Moves
Water away from Surface

Gargoyle in Forbidden City, Beijing   Chinese Traditional Windows Pattern

Gargoyle   2-3m

High Water Level   Pebble Bed
Low Water Level   Sediment Channel

Sediments   5-6m
Overflow Channel with 1-2% Slope

Section 1: Gargoyle Fountain

White Steel Rails   Boulders   Pointed Weir Prevent
Flow to Extend away
from Vertical Surface

Pedestrian way

Notched Spillway   1.5m   Shallow
6m   Water Lev.
Sediments Pond

Section 2: Walkway and Sediments Pond

The Fountains
The fountains along the both sides of the entrance are imitations of the gargoyles in the Forbidden City. They are also an important step in water management. The gargoyles help to aerate the water. Water will be pumped from the back of the fountains then put into the 3-5 meters high aqueducts to remove the first sediments. The sediments will be cleaned from the entrance between the pump room and aqueducts.
After the aerobic process, the water will go through a Chinese traditional window pattern o create a water plaza. The ecological function of this plaza is to slow the flow velocity before entering into the sediment pond.

Water will go into a circle sediment pond with 45m diameters. Because it will be used to settle out most of the solids in the water, it is 3m deep. In order to avoid making a huge bucket under the ground and to connect its ecological function with people's activities, the pond will have a 6-10 m wide and 0.8m deep shallow water edge along it. A concrete path is built in the middle of the shallow water area. White steel rails stand along the edge between the shallow level and deep level. Their primary function is one of safety but they also create a fountain when water flows down under them. Around the circle sediment pond, public activity is considered as outdoor theater.

Image B: the Sediment Pond and Outdoor Theater

Image C: the Walls and plants

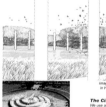
Image F: Pillars with Circle Path
in High Water Level

The Circles in Temple of Heaven, Beijing

Normal Water Level in the Future

Hight Water Level at Present

Normal Water Level at Present

Low Water Level at Present

The Circle
We use a circular form that means "perfection and harmony" in Chinese Culture to create a path along with stone pillars on the hillside and the riverbed. The path will be totally submerged when the ecology environment is totally restored. As long as the ecological water system is not balanced, the pillars will be seen partly or completely. When all of the pillars are submerged permanently, that means a man-made world has successfully integrated into the nature.

The Walls
A series of stonewalls (7-15m long) with 2-4% slope perpendicular to the bank at the center of each curve. The stonewall will catch the silt when water turns around and slows down as it passes through the curve. The silt along the stonewall will also provide a wet habitat for wild life. The stonewall will represent a Chinese dry boat along the bank. People can walk on it to touch the water. The slight slope of the stonewall is to prevent too a safety hazard when there is a low water level in the bay.
On the opposite side of the bank, short stonewalls are built to protect the bank from erosion. People will not enter from this side. The stonewalls on the both sides are preventing the further migration of the natural curve of the bay due to the hydrologic patterns.

High Meadow or Upland Canopy Zone
Low Prairie Meadow Zone
Hydrophytes Zone   High Water Level
Low Water Level
Normal Water Level

Conclusion
In the design, we explored the integration of traditional and modern practice, and the integration of man-made and natural elements by blending modern landscape ecological function and traditional landscape perception.
We explored how to make a contemporary public place for modern life while creating the traditional landscape perception. Instead of focusing on the appearance of traditional Chinese garden, architecture and structures, we emphasized some more fundamental gardening principles in Chinese classic gardens, such as how to move soil to create spaces with different enclosure and dimension, how to organize the sequence of the spaces, and how to deal with the transitions between each space.
We also explored how to use ecological design approaches to restore the environmental problems in an area of rapid urbanization. We use ecological knowledge to determine which dimension, slope and planting is the best to help create a well balanced man-made and nature environment.

生态水处理（Storm Water Management）设计是生态设计中非常重要的一部分。在美国，从 20 世纪 80 年代起，已经基本完成"点状污染"（Point Pollution）的处理，包括空气污染、污染物排放等，从而进入了"非点状污染"（Non-Point Pollution）的处理，即地表径流（Runoff）的控制。其基本理念是：通过对开发过程中地表径流的管理和设计，保证人工开发的结果——硬质景观的增加、地表径流的丧失等等不会导致水土流失和地下水枯竭。

1.3 选址

我们选择 2008 年北京奥林匹克公园中的森林公园作为该项目的个案研究。该选择基于北京目前面临的两方面重要问题：

第一，正在恶化的生态环境（特别是越来越严重的地下水短缺）。在最近 10 年，北京年降雨量已降低到 400 毫米，是 50 年前的一半。地下水短缺已经带来了城市的环境危机；

第二，正在消失的文化遗产。北京是一个拥有 800 年历史的文化名城。如何在北京奥林匹克公园中保护和发展中国历史和文化，即处于从紫禁城起的城市南北轴线北端的新城市中心，是曾经引起世界广泛关注的重要议题。

2. 基本概念

基于以上问题，我们提出的基本概念是整合生态水系统的恢复（Ecological Water System Restoration）和中国传统园林认知。设计通过应用生态水处理方法在过度开发的大都市地区补充地下水；同时利用中国传统历史文化景观认知提供公共休闲和生态教育。森林公园的理念是以体现中国传统园林价值为表象，可认知的生态功能为内涵的城市景观。我们将整合现代生态设计和传统中国园林的五个方面：

2.1 基于地面的水循环系统②（Land-Based Hydrologic Circulation）与山水园林

在过去几十年里，基于地面的水循环系统已经在西方国家广为应用。通过地形处理，创造系列的水池、洼地（包括条形的、点状的），甚至湿地来处理城市暴雨（Storm Water）、废水（Wastewater）、地表径流（Runoff）。在城市地区，这是一种改善地面水质量和补给地下水供给的非常有效的方法；中国传统园林中，堆山造湖是造园的基本手段之一。强调生命中自然与精神的和谐是中国传统园林景观的认知之一。以上两种

---

② 相对于基于大气的水循环系统。

方法在对场地地形的处理上有很大相似之处。因此，整合山水园林和生态水处理功能是本设计的最基本概念。

2.2 洼地的尺度与"园中园"

洼地和水池通常是生态水处理中的主要设计元素。他们的尺度大小是根据水流速度和渗透比率确定的。而预先选好的尺度（体积和深度）和预先决定的渗透比率应该根据当地的降雨数据确定。洼地和水池的作用是减缓和滞留暴雨、废水和地表径流，提高地面水的质量，并且促使部分水体在流走之前渗透到场地，以保证原来的自然循环系统。

中国传统园林中"园中园"的策略是将一个大的园林考虑成不同尺度的小园子。小园子之间彼此分开又相互联系。其设计依据是人的尺度和日常活动。在此，我们根据每个水池、湿地的尺度，来决定每个小园子在整个园林中的大小。该尺度将会同时考虑生态功能和人的活动。

2.3 水处理过程和"庭院理水"

在一系列的水池和洼地中，每一个元素都有自己的功能：阻截地表径流中的固体物质，沉淀污染物质，或者帮助渗透。例如，滞留池（Detention Pond）可以减缓水流经过地表的速度。其目的是防止下游水泛滥和土壤侵蚀。滞留（Detention）一词在此指渗透（Infiltration），它也往往由于补给地下水之功能被理解为补充（Recharge）之意。"庭院理水"也是中国古典园林中的重要概念。其基本概念是化整为零，每一个兴趣中心都有自己的特征主题。

我们给一系列不同生态功能的洼地和水池设计了不同的特征主题。公众将会在享受中国古典园林艺术的同时受到生态水处理过程的教育。

2.4 曲折的排水系统和"曲水流觞"

弯曲的水路可以减缓流速并且阻截地表径流中的悬浮物；而在中国传统园林中所有的廊道（视觉的、交通的，或者水体,等等）都是蜿蜒曲折的。其设计宗旨是创造意外，宁静和孤寂之景。这两方面的结合既满足生态功能又可以提供强烈的中国园林的认知。

2.5 生态功能细部和中国传统的景观符号

在细部设计上,我们将结合传统景观特征符号和生态功能,赋予生态功能以审美价值。

3. 具体设计

3.1 场地概况

森林公园位于北京市朝阳区，城市南北轴线北端。占地面积约 700 公顷，属于北京奥林匹克公园的一部分。现状场地是城市的废弃地。根据北京城市总体发展策略，在未来 15 年内，随着城市人口的增长，城市中心将会北迁。因此，该森林公园将会成为被城市化的建筑围绕的绿色孤岛。城市五环路从东西向穿过场地。场地北边界是清河从西向东流过，西边界是巴河从南向北流过，并汇入清河。

3.2 总体规划

基本概念 1，将基于地面的水循环系统与山水园林作为总体规划的重要概念。在此，森林公园被考虑成为水系管理以及北京地下水再补给的城市绿心。同时，中国山水园林的概念将会通过整个场地的地形处理和创造以体现。

场地本身以及周边的城市地区地表径流将会被收集到场地边界。通过地形处理，我们设计了一系列的地表水处理生态池。经过处理的净水将会被引到森林公园中心的大水面中，在那里净水可以渗透并补给地下水。为了避免生态池在干旱季节发生厌氧现象，需要有持续的流动水对生态池进行补充。因此，我们设计了一条连接清河与巴河的人工水渠围绕整个场地，为干旱季节提供持续的流动水。

基本概念 2，洼地的尺度与"园中园"被用来决定整个设计的模式以及每个尺度。我们在全场设计了 14 个小"园中园"，处理从场地本身以及周边收集的地表径流。根据每个生态水池的尺度（从 0.2 公顷到 2 公顷，深度分别是 0.6 米，1.8 米，3.0 米），每个"园中园"，即"生态处理工厂"将为 20 公顷，约 400 米 X500 米。还可以利用地形和水池将每个"园中园"进一步划分为更小的空间。填挖方通过挖土造山来平衡。最大的"园中园"位于中央，其功能是最终的滞留池。

为了结合休闲娱乐和生态教育，我们在每一个城市街区对着公园的入口处设计了活动场所。停车场被考虑在每两个小公园之间，并由周围起伏的地形遮蔽着。

3.3 细部设计

基本概念 3，水处理过程和"庭院理水"是空间组织的基本原理。废水处理过程包括五个步骤：跌落（Plunge）、沉淀（Sediment）、过滤（Filtration）、恢复（Restore）、渗透（Infiltration）。这五个过程同时决定了空间尺度。

基本概念4，曲折的排水系统和"曲水流觞"用来组织每个空间的过渡和转折。蜿蜒曲折的河道既具有生态功能，又代表了中国传统景观的审美。

基本概念5，生态功能细部和中国传统的景观符号将会贯穿整个设计。我们试图把细部设计同时赋予艺术审美和生态功能。我们选择14个"园中园"之一作为详细设计的案例。

(1) 喷泉

处于入口两侧的喷泉从表象上起意于紫禁城的滴水怪兽饰，功能上是水处理的重要一步。滴水嘴主要起暴气作用。地表径流水从喷泉后部由抽水泵压入3～5米深的水渠中，开始第一次沉淀。沉淀物可以通过水泵室和水渠之间的入口被清理。

经过了暴气过程，水流将经过一个叠水广场，其构图仿照中国古典园林建筑窗格图案。而广场的生态功能是在水流进入沉淀池之前减缓流速。

然后，水流进入了一个45米直径的圆形沉淀池。由于该沉淀池要处理掉水中大部分固体物质，我们将它设计为3米深。为了避免形成地面上的一个大水泥坑，从景观上结合生态功能和人的活动，水池的周围形成一个环形的6～10米宽,0.8米深的浅水池。一条环形的混凝土小路环绕在这个浅水池中间以便人们接近水池。白色不锈钢栏杆围绕在深水池和浅水池之间，其主要功能是保证安全，同时也在水流穿过栏杆时形成另一种形式的喷水。在圆形沉淀池周围，主要的公共活动是户外剧场。

(2) 石墙

在每一条水道弯曲处，都会有一系列的石头墙 (7～15米长, 2%～4%的坡度) 垂直于河岸支向水道中心。其功能是截住水流在转弯时因流速减缓带来的淤泥。这些堆积在石头墙两边的淤泥同时可以提供湿地动植物栖息地。系列的石头墙暗示中国古典园林中泊于岸边的旱船。石头墙向水面倾斜的轻微坡度是为了在低水位时，水面与墙体高差不会太大。

河岸对面，相同原理的矮一些的石头墙是为了防止河岸侵蚀。两岸的石头墙都是为了防止随着水流不断地冲刷，河湾自然的弯曲度进一步扩大。

(3) 台地

相对于前两个空间，这里的水文特征是小弯曲半径的河岸，但是水面更广阔。考虑到这里经常处于淹没状态，我们在河对岸设计了一个植物台地。植物的种类包括各种旱生植物、湿地植物和水生植物。高坡草地中的植物要适应干旱的条件。可以包括木本植物、灌木、草本植物以及蕨类。低地草坡要相对耐阴湿，但同时可以造氧以适应部分干旱时期。水生植物要求可以长期存活于水下。植物的生态功能对于净化过滤很重要，某些植物甚至可以吸收污染中的有毒物。

（4）孤岛

一些不同尺度的小岛被设计成野生动植物的栖息地。为了减少人为影响，一条曲折的浮桥穿过场地。人们在浮桥上可以观看野生动物，但不能接触它们。而浮桥的曲折遵循的是中国造园原理"曲径通幽"。

（5）圆环

最后，我们设计一圈介于山坡和河床之间的石柱来寓意中国文化中的"圆满"。一条环形小路沿着石柱而建。当该地区的生态环境完全恢复时，石柱将会被完全淹没。只要生态水系统没有平衡，石柱将会被部分或完全看见。当所有的石柱被永远淹没以后，意味着这个人工的环境已经成功地整合进了自然。

4. 结论

整合地方文化和生态功能是一个重要且可行的景观设计概念，可以广泛地加以应用。在该设计中，我们通过整合现代景观生态技术和传统景观认知，探讨了人工和自然元素的结合。

我们同时探讨了如何创造传统景观的认知，并且为现代生活创造一个公共休闲娱乐空间。我们没有着重于使用中国古典园林、建筑、构筑物的表面语汇，而试图挖掘古典园林中的基本造园原则，比如如何利用地形创造空间不同的围合度，如何组织空间的秩序，如何处理空间之间的转换，等等。

本案中，对基本概念给予的技术支持，使其具有可操作性；基本概念的可重复性使其具有广泛应用的可能；生态水处理技术的实践具有重要意义，其实践途径包括：设计师本身的意识；法律法规的控制；以及全社会对生态水环境的关注。

无动力设施的儿童公园[①]

无动力的游乐设施，顾名思义，就是和有动力的相对而言——不需要电力或者任何能源驱动。其优势，我觉得有以下三方面：

首先是节能。如果在谷歌输入"迪士尼运营每天花多少钱？"(How much does it cost Disney to run Disneyland per day？)，在一个叫"酷拉"(Quora)的网站上可以找到答案，姑且作为参考：每天 1.14 千万美元——以加利福尼亚冒险 (California Adventure) 和迪士尼中心 (Downtown Disney) 为例。除去人工等成本，我相信其中的一大部分是能源；相比之下，爬网、滑梯、秋千等无动力的活动，需要的只是参与者个人能量的驱动。

其次是主动娱乐和被动娱乐的区别。无论是飞天轮车还是旋转木马，人是被动安置在设备里，没有选择如何活动的权力；而无动力设施比如秋千、滑梯，玩法就很多，不同年龄、不同心情、不同时段，小朋友可以创造出各种玩法，玩的过程中也会有更多人之间的互动。主动娱乐和被动娱乐会导致不一样的使用频率，一个无动力的活动场地，可以每天玩、从早到晚玩；反之大型游乐场每年去几次应该算是高频率了（当然这里面也有场地大、数量少、不易到达等因素在内），毕竟极端的刺激不宜频繁，也不属于日常。

①原文节选修改自张唐景观微信公众号，撰于 2018 年，作者：唐子颖。

图 1

最后就是可塑性。因为没有大型设备及动力的需求，无动力的活动场地可塑性强，比较容易与各种场地结合，街角绿地、商业广场、郊野公园等都可以。日本北海道的国家公园里，就植入了以"与自然结合"为概念的儿童活动场地。从最初的无动力活动器械出现到现在，一个多世纪以来这个概念之所以经久不衰，就是它的形态可以千变万化，随场地的不同、概念的多样而创造出各种有趣的活动器械。如果还可以植入到山水、森林中，孩子们就可以在和自然更加贴近的地方玩耍，这些条件都是完全人造环境的游乐场无法比拟的（图1～图3）②。

维基百科上讲，19世纪的时候，有些儿童成长方面的心理学家提出可以利用活动场地帮助儿童建立成长过程中需要的公平、礼貌等品质。然后，德国开始在学校里修建一些活动场地。直到1859年，英国的曼彻斯特在一个公园里建立了第一个面向公众的、有针对性的活动场地。相关的专业人士认为，一个令人兴奋的、可参与的、充满挑战的户外活动场地在儿童的成长过程中极为重要，在这些玩耍过程中培养的一些技巧或者社交技能可以让人受益终生。比如，小孩可以通过掌握平衡、攀爬、荡秋千等技能的过程获得极大的自信；很多活动都同时有益于体脑健康发展；等等。现在，北欧国

②图1：劝学公园互动自行车与中央喷泉相联系，图2～图3：劝学公园的儿童农场，张唐艺术工作室设计并制作了各种取水、浇水互动设施。

家比如荷兰、丹麦，亚洲比如日本，在这方面的设计创新与设施品质在全世界是属于领先的。

中国无动力活动设施目前基本分两类：一类是比较低端的器械组合，材料以塑木、硬塑为主，活动内容一般是滑梯和简单的攀爬组合，主要面向低龄儿童；另一类是高端进口产品的海外代购。受限于这种状况，我国一些儿童活动场地缺乏个性化设计，即使设计师有想法，也很难有产品支持，而出资方要么放置一套千人一面的游乐成品，要么就得花大价钱使用进口产品。

从未来的发展前景看，中国的儿童活动场地属于刚刚起步。不仅有大量的需求，在设计上、产品上、规范上、管理上还有很多空白、很多工作要做。首先说未来可能发展的场地，应该有城市公园、街角绿地、郊野公园几种不同类型。中国的城市公园的发展，随着有历史保护价值的古典园林，到建国初期的仿古公园（一些中小城市中往往还是植物园结合动物园），再到现在新建的有场地特征的城市绿地（如滨江、矿坑等），往往因其部门化的出发点和管理思路，与人生活的日常比较脱节。现代人与过去人的生活变化最大之一就是对健康与运动的认识。具体体现就是运动不再只是属于部分人的一个专业，而是所有人增进健康的手段与途径。虽然我们的传统规划仍然用"绿地"这个概念，同时一些管理部门也无法接纳在"绿地"放置与运动相关的设施（比如场），但是大量的成人、儿童对活动的需求已经在传统公园的内容上无法得到满足。在这方面的突破已经不是设计师或者私营企业凭借一己之力所能达到的了（图4～图6）[3]。

③北京嘉都公园内的运动场地受到老中青少不同年龄层次人群的喜爱。

图2

图3

图4　　　　　　　　　　　　　图5　　　　　　　　　　　　　图6

　　一般而言，法律法规可能会滞后于人们的需求和市场的发展。无动力类游乐产品被归为中华人民共和国国务院令第373号《特种设备安全监察条例》第八十八条定义的"大型游乐设施"之外的，不适用于GB 6675-2003《国家玩具安全技术规范》规定的产品。而2011年，中国颁布的中国无动力游乐设施的GB/T 27689-2011《无动力类游乐设施儿童滑梯》和GB/T 28711-2012《无动力类游乐设施秋千》，属于推荐性国家标准，并不是强制性的执行和检测标准。如果设计过程中无据可依，就会造成市场混乱以及使用中的安全隐患。

　　相反，如果受到法律法规的高度制约，如美国户外活动场地设计受到很大限制——任何一场意外的发生都会让使设计师受到起诉，就会导致大家把活动设施的游乐性降到最低，用来规避危险。事实上，当游戏变得没有挑战和危险的时候，其趣味性也随之降低，特别是对稍大一点的儿童更加失去了吸引力。

　　冒险管理 (Risk Management) 是一项极为重要的让人受益终生的技巧。冒险 (risk) 是在充分认识危险 (danger) 以后采取的行动，如果从来不尝试，就很难了解危险的程度以及自己规避危险的能力，而长期形成的对危险的恐惧让人不敢冒险，最终丧失对未知事物探索的勇气，这样的人生成长模式的确是不应被鼓励的。

　　起初，张唐介入儿童活动设施的设计完全是偶然。后来由于市场的需求，相继在不同的场景下做了很多尝试。单纯地就儿童活动设施来说，我们感兴趣的是如何让这些活动与人产生更多互动，以及如何在不同的场景中创造符合其环境的主题。在实践中，我们发现比较受欢迎的无动力设施往往是经典设施的变形，比如滑梯、秋千、爬网等等。攀爬、蹦跳、快速坠落、飞跃感，大概是几个基本的人类肢体运动中最有乐趣的，即使是大型游乐设施也是围绕着这几样加以变形、升级设计的。因此，即使是滑梯，也可以因为不同的场地，变形成各种主题的"玩具"，形式可以是全开敞、半封闭、全封闭等，材料更加因地制宜，可以采用水磨石、不锈钢板、滚轴等（图7～图10）[④]。

儿童活动设施产品的发展，是众多设计师在实践过程中最头疼的事。如上所述，因为产品市场的缺陷，设计师无法做到将天马行空般的想法信手拈来地实现。但是行业的现状是要么做廉价的批量，要么做仿造。原创的实业既没有专利保护也没有长期利益的保障。即便如此，如果未来有勇者愿意投入这个专业领域中，建议应该尽量发挥无动力设施的可塑性，设计场地定制型产品，而不建议做标准化成品；建议设计模块化构件，比如爬网的扣件，高品质的户外防腐木／全木，各种规格、功能、颜色的爬网网绳。这样既可以规避成品市场的不稳定性，又可以弥补游乐设施市场的空白。

图7

图8

图9

图10

④图7：郁金香花海是以五朵郁金香为造型的不锈钢桶型滑梯，图8：秦皇岛阿那亚儿童农庄的滑梯从刺槐林中穿过，图9：安吉桃花源鲸奇谷中的水磨石滑梯依山而建，图10：苏州樾园后山区的开敞式滑梯对胆量是个挑战。

拥抱不确定性[①]

——山水间公园设计实施记录

1. 缘起

张唐景观于 2009 年 2 月成立，到 2014 年 2 月满五年，我们针对在这五年里做的项目整理思路，希望下一个五年能做得更好。

虽然已经五年，我们已经建成了包括九里云松、良渚文化村新街坊、深圳棠樾等有一定影响力的项目，但由于我们并不喜欢到处复制自己的成功案例，在拒绝了好几个喜欢九里云松这种"新中式"的甲方之后，我经常梦见办公室所有的项目都停下来了，大家都没事做的情景。

经营上的压力在 2014 年之后有了很大的缓解。万科建筑研究中心在 2014 年获得美国景观设计协会 ASLA 通用设计类荣誉奖。不过，我始终觉得，真正让我们摆脱经营压力的是长沙山水间项目。大概是 2014 年 3 月初接到一个电话，来自长沙里城的曾工问我有个社区公园项目感不感兴趣。之前我们曾经做过几个社区公园，由于各种原因执行度都不太高。有个新机会当然很高兴。

2. 场地

之前的五年里我们从来没有见过这样的现场：围绕着一个废弃多年的鱼塘，场地上的植被非常茂密，从十几米的大乔木到茂密的下木，场地的大多数地方都难以进入。

仔细看看，会发现这个场地上有许多有意思的地方：混凝土的坝，几个已经长满植物的宅基，几条废弃多年的乡间小路。这片土地在过去曾经有几户人家居住过，房前屋后有菜地、鱼塘，稍远一些可能还有几亩田地。随着社会的变迁，这里被遗忘过一段时间，现在又在城市化的巨潮中被捡起，将会被建设成数万人的家园。

场地中间大约 1.4 公顷的一块地被城市规划部门有些"随意"地划出来，作为公园用地（之所以说随意，是因为公园的边界线刚好在现有鱼塘的三分之一处）。

---

①本文撰于 2018 年，作者：张东。

3. 构思

中国人对于自然的态度是很特殊的。"相看两不厌，唯有敬亭山""目送游鸿，手挥五弦，俯仰自得，游心太玄"，山水自然与人总是一种你中有我、我中有你的感觉。自然山水不是一个度假时或周末专门前往欣赏的地方，而是日常生活的一部分。

最初由直觉而来的概念：新入住的居民将会处于"山水之间"，与现有的自然相处。公园会尽量保持目前的生态环境，但也会为未来的居民提供尽量丰富的符合当代生活习惯的场地和设施，并在二者之间找到一个平衡点。

4. 形式

第一次汇报非常失败。甲方总建筑师对于我们提出的想法和定位可以接受，但完全不能接受它的形式。山、水、人三个元素，就像天、地、人三才，我们希望用三个巨大的圆形来表达。三个圈互相交错会产生许多有趣的空间感受。遗憾的是，甲方认为这个形式很幼稚，像是经验不足的实习生做的方案（图1）。

中国文化讲究"大象无形""得意忘形"，对于抽象形式是不大欣赏的。郁闷之后我们决定换一个形式，采用了一个相对比较模糊、不大强烈、有性格的形式：直线、折线加弧形倒角（图2）。

5. 推进

甲方接受了新的形式之后，一切都进展神速。方案之后直接出施工图，还没交底施工队已经进入现场开始给我们新的惊喜。

我们首先对1.4公顷场地上的雨水进行了详细的分析和计算，希望公园内的水文

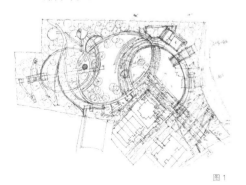

图1   图2

系统能够健康和可持续。收集和利用雨水，将其净化、贮存、循环起来，成为有生命的"水"。现状山林植被全部保留，只是最小量地介入，成为可以探索的"山"。山水之间为"人"引入多个场地和空间。

施工队犯了一个意外的错误，在国庆长假期间将公园红线内的下木和地被清理得干干净净。我们在现场看到的一切都让人崩溃。不过，却有了新的发现。

"山"和"水"之间有一个被废弃多年的宅基地和台地菜园。由于已长满植物，我们原来没有发现。植物被意外清理之后，我们可以清楚地看到地形的状况，决定利用这个多年前被改造过的地形做点特殊的东西。宅基背山的陡坡被设计为和地形结合的滑梯区，宅基旁已经长满小树的种菜台地被设计为林中木剧场，希望它就像是一片柔软的木头地毯轻轻地盖在现有的台地上。

6. 实施

如果有人去对照项目的施工图和最后的竣工图将会发现二者区别很大。和一般设计公司不一样，张唐的项目设计师会全程负责，概念、方案期间没有想清楚的地方可以在扩初、施工图期间继续想、继续推敲。甚至到了施工期间还会根据施工的情况、现场的条件不停地做出调整。

山水间现状地形比较复杂，设计时依据的竖向测绘和实际情况有不少误差。许多需要保留的乔木位置和标高都不准确。这些对于实施阶段来说都是大问题。

每一次现场出现意外，甲方就会联系我们，希望能去看一下。看到这些问题的开始，我们首先都会火冒三丈，但想一想，未尝不可以把它当作一个新的契机。可利用这些不完美去追求完美。许多有意思的细节都是在去施工现场看了之后在返回上海的高铁上逐渐构思的。

有时候听别人评价张唐景观，说我们"执着""坚持"。我只能暗暗地想，其实我们并没有那么"坚持"吧，我们更愿意乐观地面对变化，拥抱每一个不确定的机会。现实社会没有什么可以是预设的完美的选择，有的只是相对更好一些的选择。

7. 主题

在我的记忆中，"山""水"之间要放一个大雕塑的想法是甲方先提出来的。他们希望能在大草坪上放一个让人能记得住的雕塑。的确，专业的景观设计师关注的细节对于一般非专业人士来说没有什么特殊意义。我们完全赞同在草坪上增加一个景观雕塑，但对具体放一个什么样的雕塑纠结了好久。尝试了各种可能性之后，我们提出放几只用铁丝网编织的半透明的大蚂蚁，并将活动区的滑梯、传声筒、树屋等都赋予了一个巨型昆虫的主题。

中国画讲求"作画妙于似与不似之间，太似则媚俗，不似则欺世"。介于抽象和具象之间的雕塑大概是目前中国人最能欣赏和接受的。纯粹的抽象反而可能会使人无法理解。另外，过于抽象的概念也不利于大众媒体的传播。

出乎甲方和我们的意料，"大蚂蚁"成了这个项目最受欢迎的元素，可以说是雅俗共赏。成功之后，各个地方出现了许多山寨"大蚂蚁"。记得还有一个甲方毫无愧意地告诉我，他们买了机票让几个雕塑师傅去山水间现场测量，回去做了几只一样的"大蚂蚁"。对此我很无语，只能把这个当作促使我们不停创新的动力了。

8. 反思

山水间开启了我们做社区公园设计的大门。我们对于社区公园的基本观点都是这个阶段形成的。一个社区公园对于社区来说，就像客厅对于一个家庭一样，它是大家日常生活的重要场所。在新的社区里，邻里由生到熟，好的社区公园就像催化剂一样，可以加快这个过程。体育锻炼、亲子活动、环境教育、艺术、自然等都应该融合在社区公园里，成为日常生活的一部分。

山水间在2015年建成后，反响很好。许多甲方找到我们，要做一个山水间那样"网红"的项目。但是，一个项目能不能做好，设计师起的作用很有限。好的设计师是一个好项目的必要条件但不是充分条件。甲方运作项目的机制可能是最大的限制。根据我们的经验，凡是要层层汇报的公司、凡是要渲染效果图甚至做动画的，最后都很难修建好，最终的结果也可想而知了。如果在刚开始时就不存在信任的话，信任很难通过漂亮的效果图建立起来。至少我们过去的项目都是这样。在设计和实施这个漫长的过程中，甲、乙双方的沟通非常重要。甲方对乙方的信任是必不可少的。如果不管做什么都要层层汇报审批，在设计和实施的每个环节都有可能根据需要做出调整。

孩子们的"水体验"①

——成都麓湖云朵乐园

1. 项目背景

麓湖生态城位于成都南段，是一个融产业、商业、居住为一体的新型城市片区，未来预计人口约30万，包括常住人口和就业人口。云朵乐园是生态城内部大约2.5公顷的一块滨水小公园，是位于一条市政道路与湖面之间的带状绿地。该片区十多年前还是一片丘陵，开发商在现状地形地貌的基础上筑坝，并引入了都江堰的水源，通过生态治理形成了如今"珊瑚"状的清澈水域。从2014年起，湖水生态系统趋于稳定，水质常年达到国家二类水标准，可以进行各种水上活动。

云朵乐园场地南北长约50米，东西宽约450米，面积约2.5万平方米。相邻湖面宽度约55米，湖面常水位标高485.5米，场地内最高处标高500.5米。场地内有一条消防通道需要保留，考虑消防紧急通车需求，现有码头需要保留，并适当考虑安全隔离；考虑到工程难度，改造需要在现有驳岸基础上进行（图1）。

2. 项目定位：自然博物馆式的儿童乐园

公园绿地对于城市建设至关重要。大城市郊区新建社区，由于社区主体人口主要是相对很短时间搬进来的居民，公园作为社区使用频率较高的主要公共空间，起着促进居民交流、形成良好的邻里关系以及新的社区文化的重要作用；另外，公园是社区

---

①原文发表于《景观设计学》，选编时作者对文字及配图作了删改。张东. 孩子们的自然博物馆——成都麓湖生态城云朵乐园[J]. 景观设计学，2017,5 (6)。

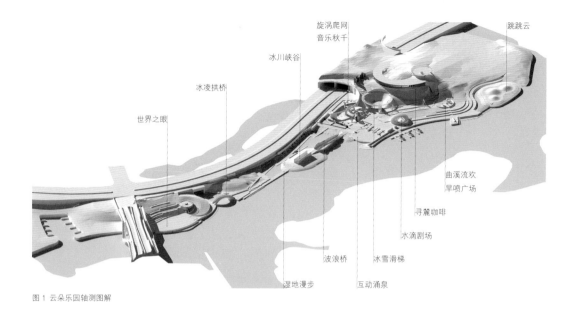

旋涡爬网
音乐秋千

跳跳云

冰川峡谷

冰凌拱桥

世界之眼

曲溪流欢

旱喷广场

寻麓咖啡

水滴剧场

波浪桥

冰雪滑梯

湿地漫步

互动涌泉

图1 云朵乐园轴测图解

居民日常生活里接触到自然的地方。除了提供给人接触自然、感受自然、放松心灵的机会之外，它也应该是一个重要的环境教育基地，居民在休闲之中可以了解自然生态系统；对于在社区里成长起来的小朋友，公园具有重要意义。除了已经被广泛关注的儿童活动场地，公园的文化氛围及其传达出来的价值观也会影响小朋友的成长。

地球表面有71%被水资源覆盖，从太空中来看，地球就是个蓝色的星球。水大概是地球上生态系统中最为重要的元素之一，也是生命存在的根本因素。如何处理好和水的关系关乎人类的生存，几千年来，人类对定居点的选择都会既考虑到对水的利用，又保持一定的安全距离。成都位于中国四大盆地之一的四川盆地西部，境内地势平坦，河网纵横。两千多年前的著名水利工程都江堰的建设使得成都成为水旱从人、沃野千里的天府之国。在历史上，成都人依水而居，和自然融洽共处。但是随着现代城市建设，河道飞速消失，人们的日常生活和水越来越有隔阂。近年来各个城市里频发的城市内涝更使得水成为一个城市中的负面因素。

通过对麓湖引水造湖历史的解读，以及社区现状分析，我们将场地定位为寓教于乐的儿童乐园，一个露天的"自然博物馆"：以水的各种形态和特征为灵感来设计景观空间和节点，将科普与水有关的知识和儿童活动相结合，通过设计让人能更好地了解水对我们生活的重要性，重塑人与水的关系。

3. 设计理念：在玩耍中学习和成长

自然在日常生活中的缺失会带来许多问题。日渐严重的环境问题、空气污染归根结底在于人们对物质的贪婪和对自然的无知。要想改变这种状况，除了强化法律法规之外，我们认为应该从两个方面入手：加强人和自然的关系，让自然成为日常生活中密不可分的一部分，并且能让人充分感受到自然的美和价值；另外，通过无处不在的环境教育，让人们能了解到自然生态系统，了解到人在自然生态系统中的位置，最终重塑人与自然和谐相处的理念。社区儿童公园作为教育景观伴随下一代的成长。对于社区新的居民来说，公园是日常繁忙的生活之余休闲放松的地方，但对于在这些社区里长大的小朋友来说，社区儿童公园的意义将要大得多，因为它将会是他们成长的一部分，他们将会在玩耍中学习和成长。

4. 重要节点：寓教于乐

基于以上理念和场地实际条件，我们在公园内沿线形流线布置各个活动节点，将不同的活动功能和环境教育有机地结合在一起，形成一系列独特而有辨识度的景观节点。

4.1 世界之眼

这个节点在现状基础上进行改造而成。包括结合地形的小剧场、小型服务建筑和滨水倒影水台。由于湖面已经形成，改造只能在现状湖岸的基础上进行。倒影水台中的石材铺装通过高低和色彩的变化，暗示地球表面的陆地和海洋。整个水台顺应水岸形状呈梭形，像一只看向世界的眼睛（图2、图3）。

图2

图3

图4

图5

图6

图7

4.2 冰凌拱桥

为了确保沿湖流线的系统性，我们在这里新增一座桥，由于通航需求，处理成拱桥。桥体内部暗藏LED灯和感应器，人行走在桥上，感应器会感应到从而产生灯光变化。桥面用镜面不锈钢管呈三维变化装饰，可以反映周边环境（图4）。

4.3 冰川峡谷

这是一个穿过性空间，在原有挡土墙和现状树木标高基础上调整而成。受冰川峡谷启发，三角面组成的镜面墙反射天光，隐喻水的固态——冰川的晶莹剔透。墙的背后暗藏声音感应装置，当人穿过时会听到像水滴落在峡谷中一样的回响（图5）。

4.4 跳跳云

犹如一朵巨大的白云降落在湖边小岛。在这个内部充气的巨大异形蹦床上，孩子们可以体验腾云驾雾一般欢跳的感受。我们把跳跳云布置在一个独立的小岛上，通过唯一的通道——一座桥小桥到达，便于后期维护管理和控制人数（图6）。

4.5 旱喷广场

利用互动装置激发的旱喷可以更好地增强人与人、人与自然的互动。再也不会出现乘兴而来，结果因为物业没有打开喷泉而败兴而归的情况了。想玩水，只需要骑上互动自行车去踩，喷泉就可以出水了（图7）。

4.6 曲溪流欢

这是结合消防通道的一个改造。用水磨石塑造的溪流微地形既符合消防规范，又可以成为小朋友嬉水的场地。

旱喷广场喷出的水汇聚在广场中央顺地形流下来，自然形成一条蜿蜒曲折的小溪，可以让小朋友充满好奇并充分参与其中（图8）。

4.7 互动涌泉

溪流在山坡下平坦处汇集成一个浅浅的小池塘，小朋友可以安全进入玩耍。水池中有七个小涌泉，每一个有相对应的触控开关，以手印的形状集中设置在一个大石台上。当游玩者把手放上去时，相对应的涌泉就会打开。

4.8 冰雪滑梯

利用现场山坡地形设置了一组游戏设施，包括空中环形走廊、旋转楼梯、沙坑和白色水磨石滑坡（图9）。

4.9 湿地漫步

这是在现有水系基础上增加的一块可以进入的湿地花园。中间的汀步随水位的涨落或隐或现，小朋友在这里可以看到各种水生植物，还有机会近距离观察蝌蚪、青蛙和鱼。

4.10 漩涡爬网

专门设计和制作的一组组合活动器械，包括爬网、滚轴滑梯、激光阵、树屋等各种活动内容。在内部有漩涡的视觉感受，器械整体形式上取形于麓湖吉祥物——鹿之角（图10）。

4.11 水滴剧场

临湖一个具有雕塑感的构筑物，其造型来源于一滴水的形状。由不锈钢龙骨异形加工而成，内部水滴状座凳为镜面不锈钢，坐上去可以转动（图11）。

图8

图9

图10

图11

5. 设计参与建造

设计师经常会遇到项目不能按照设计意图实施的情况，原因可能是甲方造价控制、施工技术难度太大、后期维护困难等等设计师难于控制的因素，又因为设计师往往对这几部分工作并不是很熟悉，所以很难有发言权和主导权。在过去几年里，张唐景观成立了艺术工作室，探索设计师如何能深度参与建造过程，便于主动控制和降低造价、提高设计执行度、提高建设质量，并且在设计和建造初期就充分考虑到后期维护。云朵乐园独特的设计能够实现和景观设计师深度参与建造有很大关系。下面介绍几个节点的设计和建造过程，以及对后期维护的考虑。

5.1 冰川峡谷

设计初衷是想象有人从中间走过时，能听到轻灵的音符声响。好奇的孩子或许会流连此处，步伐移动，激活更多的音符来与这两面横亘着的装置产生互动。深化的过程中又进一步确定，选取凹凸的折板镜面作为两面墙的表皮，投射出层层不断的影像，如阳光下光怪陆离的冰山峡谷。设计推敲的过程借助了 *Rhino+Grasshopper* 的参数化设计软件进行建模。在确定了墙面的基本轮廓后，进行轮廓区域内随机布点，并垂直于墙面设置一定随机范围内的位移，作为镜面折板的凹凸顶点。顶点间围合的三角形，作

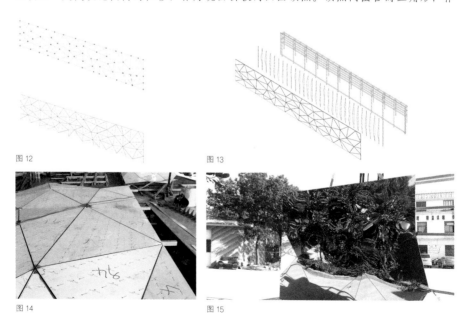

图 12

图 13

图 14

图 15

为每一张镜面折板的表皮轮廓。同时，通过计算机自动测算出所有三角折板的最大边长与高度，用于控制每片板的尺寸在成品板材的尺寸范围内（图12～图13）。

材料加工环节全部采用激光切割的方式以缩减人工。借用 *RhinoNest* 排料插件，可将每片三角折板数字编号后通过程序运算自动插空编排到矩形板材上，使对材料的浪费率达到最低。相比于在 *AutoCAD* 软件上手工逐一放置位置进行排料的方式，效率明显提升。

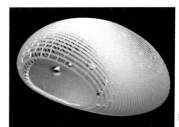

图 16

经历过下料、激光切割、标记、拼板、打胶、安装等施工步骤，全部镜面墙包括支架均由上海张唐艺术工作室的工厂加工完成。考虑到加工成品需要从上海一路运输到成都，而每面墙接近17米的长度显然运输不便，于是将整面墙拆分成3段，沿三角折板的设计拼缝进行分段，最后拉到现场拼接完工。镜面墙底部装有电子感应设备和音响，当感应设备感应到有人从旁边经过时，会激发音响，发出叮叮咚咚的水滴声（图14～图15）。

图 17

这一类有互动性的艺术装置，不属于传统意义的雕塑。如果由雕塑家设计，造价会远远高于我们实际上的费用，很可能会由于造价过高而被取消。另外，这个装置也充分考虑到了后期维护的便利性，感应设备和音响都留有检修口，便于定期更换。

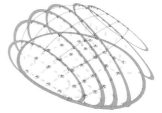

图 18

5.2 水滴剧场

一滴落在光滑平面上的水，会自然因自身张力而形成露珠般椭圆轮廓的透亮水珠（图16）。借此意向，设计中在靠近公园入口与码头的位置，放置了一座水滴形态的剧场功能的构筑物。这座水滴剧场由34层横向环状不锈钢龙骨构成基本轮廓，层与层之间添加有715片尺寸不一的肋板作为纵向的结构支撑。这样的设计图纸难以单凭传统CAD的方式绘制输出，然而通过数字化设计确立整体渐变及随机分布的逻辑，则变得容易达成（图17～图19）。

图 19

施工过程涉及数百片肋板的焊接定位，这个环节中方案设计师直接跟工厂派驻施工现场的工人进行沟通，确立了编号的方式，分批将激光下料的肋板打包好后运送至现场，方便对号入座进行焊接。

我们和结构师、材料供应商、材料加工厂和现场组装团队多次交流、密切配合，根据实际需要对设计多次优化，最终既保证了施工工期和造价，也确保设计效果能最佳呈现。不锈钢构架后期维护比较容易，只需要每隔几年重新喷一下面漆即可。

5.3 冰凌拱桥

在外观方面，设计考虑在传统拱桥形式的基础上，用全面镜面的形式来提炼出弯拱的弧度感。镜面不锈钢的反射效果将桥身融入周围的环境中，与桥下湖面的倒影配合形成二次反射，光影粼粼，相得益彰。设计的难点在于如何在结构师提供的主龙骨桁架基础上，再进行副龙骨设计，以及如何对镜面表皮进行固定等深化加工方面的问题。原始的主结构为多组三角支撑形成的桁架龙骨，并不能紧密贴合设计中需要的 8 个双曲面表皮。因此需要根据表皮走向设计副龙骨。而双曲面的空间造型难以通过简单的平、立、剖面图纸来表达和深化，因此借用了参数化软件来进行设计推敲。并最终确定出整体表皮材料的尺寸、数量，以及变化趋势，方便施工参考。镜面不锈钢在自然环境里需要一定量的维护，每隔几年需要重新做一下抛光处理（图 20、图 21）。

5.4 曲水流欢

在现有消防通道基础上改造而成，利用消防通道大约 5% 的坡度，将高处旱喷广场上的水汇聚成一条小溪，流入低处浅水戏水池中。通过概念草图、CAD 平面断面、电脑模型模拟、1：20 实体模型，以及设计师现场指导施工几个环节，最终得以实现最初的设想（图 22～图 27）。

5.5 其他互动装置

为了增加人在景观中的参与性，我们设计和制作了一系列互动装置，包括可以激发喷泉的互动自行车，可以互相打水仗的水枪，可以靠触摸感应的涌泉控制开关，可容纳各种活动的巨型爬网滑梯组合器械，等等。这些设施和景观设计有机地结合，可以增强体验感。电子设备在户外的使用对于长期维护有一定考验，我们设计时充分考虑到后期维护，可以方便地定期更换一些配件。

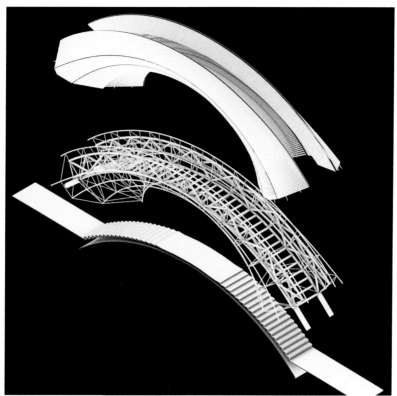

图 20

图 21

图22　　　　　　　　图23　　　　　　　　图24

图25　　　　　　　　图26　　　　　　　　图27

6. 建成使用情况

　　云朵乐园建成后在业内反响很好，在正式对公众开放前先进行了一次内部测试，管理方邀请了14个家庭进行体验并给出评价和建议，并据此做出适当调整（表1、图28）。正式开放后为了确保安全，管理方将园区容量控制在2000人/天，必须通过预约才能进入。

　　通过对项目使用情况的观察，云朵乐园基本上达到了设计初期我们对于这个社区儿童公园的设想，总结起来有如下几点：

6.1 在玩耍中成长

　　现代城市成长起来的小朋友的童年生活和他们的父辈最大的不同大概是学得太多玩得太少。其实，大家也越来越意识到现代教育过于注重知识的传授而忽视了人的塑造。有研究认为，真正影响一个人在成年后的成就和幸福感的不是学习成绩的好坏，而是一些其他东西。成长过程中看似无用的玩耍其实在培养孩子自我认知、了解世界、与人合作交流、创造力等方面都具有很重要的作用。

　　(1) 健康成长

　　在小朋友成长的过程中，生理的健康发育至关重要，玩耍对于小朋友来说是不断发现和锻炼自己身体机能能力的一个过程。不管是低龄阶段的爬和走，还是逐渐发展出的跑、跳、钻、滚、攀、摇、转等行为，对于小朋友的身体全面发育都非常有益。现代城市里儿童肥胖症已经越来越引起大家的关注，究其原因不外乎是营养过剩、锻炼太少。社区公园里的儿童活动设施应当有一定趣味性，以鼓励和确保小朋友每天有一定的运动量。云朵乐园的儿童活动场地设计从小朋友的基本行为出发，设计了一系列独特的和有趣味的场地和设施。

（2）交流交友

在现代的少子家庭，孩子往往是家庭的重心，会得到非常多的关注。在成长的过程中，对孩子来说，父母的陪伴的确很重要，但和同龄人交流和同龄交友也一样重要。云朵乐园的儿童活动场地设计鼓励小朋友走出家门到公园里一起玩耍。在这里，他们会学到怎么样排队玩滑梯、合作玩跷跷板、比赛玩攀爬、交换玩秋千、互相帮助玩爬网，学会如何和别的小朋友交流；学会如何分享、如何合作、如何交换、如何帮助他人、如何妥协、如何保护自己。这些非知识性的东西在成长的过程中甚至会比学校学到的知识还要重要。

（3）自然体验

美国作家理查德·洛夫（Richard Louv）提出了"自然缺乏症"的概念：现代社会中，由于自然环境的缺乏、电子产品的盛行、户外可供玩耍的安全场地的缺乏和户外玩耍时间的减少，儿童在大自然中度过的时间越来越少，从而导致了一系列行为和心理上的问题。有关专家认为"自然缺乏症"会导致孩子们感觉迟钝，对周围事物的观察、欣赏能力减弱，注意力不集中，在上课或干某件事情时往往不能一鼓作气，甚至会产生抑郁、悲观的情绪变化。云朵乐园给社区的孩子提供充分接触和感知自然的机会，通过观察和体验建立人与自然的情感连接，并以此来纠正传统的知识教育中对智力的片面强调。

6.2 在玩耍中学习

"习"是一个广义的概念，而不仅仅是学习书本知识。儿童在玩耍中学习到的东西从某种意义上来说比在课堂中学到的东西更直观、更真切，体会也会更深刻一些。

（1）认知自我

在成长的过程中，自我认知是很重要的一部分，自我认知能力是情商中最重要的

表1: 云朵乐园意见反馈
Table 1: Feedback by Visitors to the Cloud Paradise

建议 Questions	细项 Options	百分比 Percentages
建议体验时长 How long would you prefer to stay there?	2小时以内 Within 2 hours	35.17%
	2~4小时 2~4 hours	64.29%
	4小时以上 Over 4 hours	0
建议改善之处 Which aspects can be improved?	安全提示 Safety sign	78.57%
	卫生间指引 Toilet sign	28.57%
	环境音乐 Ambient music	14.29%
	设施说明 Facility instruction	78.57%
待加强安全提示的设施 Which facilities are to be improved to keep safer?	互动水池 Wading pool	28.57%
	音乐秋千 Swings	14.29%
	漩涡爬网 Climbing ropes	14.29%
	滑索 Zip-line	7.14%
	喷泉单车 People-powered stationary bicycles	21.43%
	冰雪滑梯 Snow-like slides	71.43%
	跳跳云 Cloud-like trampoline	42.86%
	冰川峡谷 The glaciers and canyons	0
待提升的现场配套 What services are to be improved?	手机充电服务 Mobile phone charging service	21.43%
	停车场 Parking lot	7.14%
	饮食服务 Food store and restaurant	21.43%
	烘干吹风 Clothes dryer	35.71%
	卫生服务点 Health center	14.29%

注：云朵乐园于2017年6月25日进行首批内测活动，共14组家庭接受回访调查。
Note: The Cloud Paradise opened to 14 families on June 25, 2017 prior to its public opening. Their feedback is shown in the table.

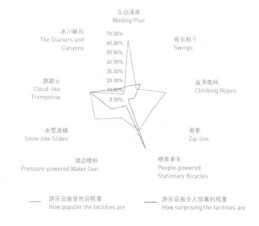

图 28 云朵乐园意见反馈

部分，是其他各种情商能力的基础。首先，自我认知的水平制约着个人对情商的形成和发展进行调节的能力。其次，自我评价的性质决定情商发展的方向。人如果不了解自己的长处和短处，就无法自觉调整情商发展的方向。最后，自我调整控制的能力制约着情商所能达到的发展水平。可以说，良好的自我认知对孩子日后的全面发展具有非常重要的作用。云朵乐园儿童活动设计鼓励儿童提高自我认知的水平。

(2) 感知世界

现代教育强调理性思维。理性思维挖掘得太多，身体的本能被忽视弱化不少。人的第一直觉靠的不是大脑而是感官，想得太多感觉到就越少，心性被过多的信息理性掩盖感受能力就会越来越弱，而世上美的东西总是需要用身心去感受。云朵乐园儿童活动场地设计充分释放孩子的天性，鼓励和激发小朋友感知外部世界。场地和设施应用不同的材料、声音、色彩、质感、形状，在小朋友玩耍的过程中锻炼他们的视觉、触觉和听觉。除了儿童活动场地，公园里丰富的自然环境也会让小朋友充分感知自然世界。

(3) 探索未知

在成长的过程中保持对未知世界的好奇心是非常重要的。某种意义上来说，好奇心是人类创造力的驱动。现代教育普遍被诟病压制人的原创力，大概可以归咎于传统文化缺乏鼓励对未知世界的探索。云朵乐园以水为主题，设计放大的水滴、白云、溪流、漩涡、冰川峡谷、地球水世界等，激发孩子探索未知世界的好奇心，让他们对日常所见的事物有进一步去了解的兴趣。

6.3 在父母陪伴下成长

孩子的成长离不开父母的陪伴，在儿童公园里，父母不仅仅是被动地站在旁边起一个安全监护的作用，而是应该更积极地参与到亲子游乐当中，和孩子一起荡秋千、滑滑梯、跳跳云，分享孩子的欢乐。一些设施比如互动自行车、互动涌泉的设计鼓励家长和孩子之间的互动。

7. 结语

景观设计不是为了单纯的恢复生态系统，也不是给人寻求刺激和消磨时间的场所，而是在处理人和自然的关系。我们设计中的生态策略、互动设施、环境教育总而言之是为了重塑人和自然的关系，相信在云朵乐园长大的孩子，以后会更懂得怎么和自然和谐相处。

访谈：风格、主题、建造一体化及景观评论[①]

1. 我们发现云朵乐园中的"曲溪"元素时常被应用于张唐景观的其他庭院或广场项目中，比如苏州樾园，这是否成为张唐景观的风格？

张东（以下简称为"张"）："曲溪"意象在张唐景观的项目中确实出现过几次，但不是一种简单的重复或再造，也不会成为我们的"风格"。正如唐代画家张璪所言，"外师造化，中得心源"。景观设计师总会从个人对自然的经验或经历中得到启发来进行设计。比如日本的枯山水会受到日本地理特征海洋和礁石的影响所以不同于中国园林，哈普林的设计也会受到他个人对于加州席尔拉山山间溪流的研究的影响。所谓"中得心源"，即每个人眼中的自然会有差异，就算是两个人看到的是完全一样的东西，他们的体会也可能不太一样。设计是传递设计师美好生活体验的一个行为。不论是基于何种程度的场地分析与调查或文化背景分析，设计的核心仍然在于设计师自身的价值取向。我们的项目里出现过几次"曲溪"可能和我个人的自然经验有关。我小时候在乡下长大，雨后的山路上由于雨水流动，会形成深深浅浅，蜿蜒曲折的小溪流。上学路上，便会赤脚沿溪流玩水，这些美好的经历深深根植于我的记忆中，会有意无意地影响现在的设计。

当然，我们对于自然会有很多美好的记忆，这些记忆会出现在我们不同的设计里。它们是我们灵感的来源，就像是调色盘里的各种颜料。我们会在适当的时候把"颜料"取出来，根据需要和别的颜色一起调一调，然后"涂抹"在不同的项目上。在这个项目上，曲溪所在的场地是一个必须硬化的消防通道，有大概5%的坡度，一个可以介入的浅浅的溪流能把这个空间利用上，同时它可以成为我们想要讲述的"水的故事"的一部分。

在苏州樾园，最初我们只是在庭院中设计了一条溪流，它的形式和建筑相协调，也和具体的材料工艺相关。项目建成后，时常有参观的人询问现场的销售人员为什么要做成这种形态，是否有何说法？为了便于大家理解，他们在庭院中附以文字，阐释该设计来源于兰亭雅集的"曲水流觞"故事。我们觉得这个想法不错，好理解。后来

①原文发表于《景观设计学》，选编时作者对文字及配图作了删改。张东. 孩子们的自然博物馆——成都麓湖生态城云朵乐园[J]. 景观设计学, 2017,5 (6).

在讲述这个设计时采用了这个说法，既能满足大家的好奇心，也便于大家理解。但事实上，樾园中的"曲溪"是基于对自然的理解，而非为了历史故事，也不是为了形成某种风格。

2. 云朵乐园项目为什么选择以"自然博物馆"为主题？在景观设计中，主题的选择是必要的吗？

张：每个项目在设计阶段，设计师会有自己的意图，但这个意图不一定会是使用者能感受到的。一个设计可以有多重含意，不同的人也可以有不同的解读。我们试图在设计中有多重叙事，能够激发多种解读。在云朵乐园中，我们主要从三个层面进行考虑：首先，它是具备常规功能的公园，有不同的景观类型和景观体验，也有拱桥、亭、台、休息观景台等景观元素，会考虑到空间收放、转折等。其次，它是一个服务于周边社区的儿童活动公园，需要各种符合儿童行为的游乐设施。最后，在文化层面，基于场地背景、对自然的理解以及对寓教于乐的观念，我们最终选择以"自然博物馆"为主题，希望它能有自然教育的功能。

设计师或许可以归纳为两类：一类偏理性，另一类偏感性。偏理性的设计师所设计的项目通常逻辑非常清晰，且往往基于最优的解决方案。张唐的设计在前期可能更为感性。我们首先会判断这个设计是否有意思，其次再加以验证、推敲、深化与完善。相较于更具说服力的理性设计，感性的设计一般需要辅以主题或故事性来打动他人。我觉得每个设计都会有个主题，或者说主要概念。这样做还有另外一个好处：在漫长的设计和建造过程中，你会面临许多选择和决策，有一个明确的主题会帮助你做出选择。以冰雪滑梯（白色水磨石滑坡）为例，最初甲方希望把它做成七彩的或便于后期维护的深色。但当我们阐述了场地主题是模拟自然冰雪滑坡后，他们认同了我们的选择，双方的沟通变得更加顺畅。如果没有主题的支撑，场地的整体结构就可能缺乏逻辑。艺术作品往往拒绝讲故事，因为艺术家认为激发思考比其本身的故事性更重要。或许这就是设计与艺术的差别所在，设计从根本而言是为了有效地解决问题。

3. 云朵乐园中的互动装置是一大特色，这种在场地中排布装置的手法有别于传统的空间营造手法，这是否预示着景观设计手法或设计焦点的转变？这些装置的选择是基于何种标准或需求？

张：云朵乐园是对湖边零散的场地的一个改造，因而存在诸多限制条件，包括现状地形植被和驳岸线。设计如同填空一般，需要在不同的地块上依据场地的尺度植入适宜的小功能块。我们赋予了各个功能块同一个主题，使其形成一个完整的公园。互动装置是这个主题中有机的一部分，能鼓励使用者参与到景观的营造中，而不仅仅是一个被动的旁观者和接受者。刚才讲过，这个公园是一个儿童游乐公园，里面当然会有许多和儿童活动相关的游乐设施，包括滑梯、秋千、爬网等等。这些设施是基于我们对儿童行为的理解而专门设计的，它满足了儿童的一些基本行为需求，比如蹦、跳、跑、滑、爬等。同时，由于是特殊设计的，它们符合整个公园的主题，具有独特性和可识别性。

4. 设计、建造一体化是否是未来景观行业的发展方向？

张：对景观设计师而言，设计的终点是项目的建成。图纸是实现这一目标的手段之一，因而在设计绘图时需要确保图纸的可实施性，尤其是施工图。以石材小品为例，唯有深入了解石材的材料特性、制作工艺、安装技术和后期维护要求，才能制作合理、可实现的施工图。设计建造一体化对我们来说实际上是一个深度设计的过程，其目的是保证设计的最终呈现与最初设想之间的延续性。这个过程也是一个学习的过程，我们会对材料和工艺有更多的了解，这些有时候会反过来影响设计概念的提出。不过，我并不认为设计、建造一体化会是行业发展的方向。大多数景观设计采用的会是常规的和经得住时间考验的材料和建造方式，并不需要设计建造一体化。相反，行业的进一步分工才是发展方向，甚至施工本身也会进一步细分成各种更专业的类别。

5. 您认为使用者或他人的评价或评论是否对项目的改进有所裨益？如果能够建立一种设计师之间或设计师与评论者之间的交流平台，是否可以促进更加有效的沟通？

张：评论或多或少会促进我们对某些东西进行深度思考。我很喜欢的一个日本作家村上春树说每次别人对他的文章提点建议时，他心里都会勃然大怒，不过又觉得既然别人有这种想法，说明自己写的肯定多少有点问题，需要做一些调整。但这种调整并不一定是和别人建议的一样，有时候可能会恰恰相反。我对于别人的建议经常有类似的感觉。

唐子颖（以下简称为"唐"）：不久前我写过一篇有关玖著里项目的文章，写作的起因是一位朋友的留言式评论：张唐景观的项目为什么这么受欢迎，可能是迎合了中国新兴中产阶级的审美品位。我觉得这是很有意思的一个说法，从而引发了自己对这个项目的反思。

"评论"（criticism）和"评判"（judgement）在概念上是有区别的，西方文化不推崇评判他人，而在我们的文化中，这两个概念时常会被混淆，对于评论中批判性思考的重视程度也远远不够。如何辩证地评论一个事物，而不夹带任何主观的评判色彩，不议论事物的好坏，这在我们的教育中是缺失的。在我看来，好的启发性评论一般来源于非同行，是非常值得期待的一种文化与氛围。对于一线设计师而言，如果缺少了这种氛围，一味地阐述自我，便失去了评论最本质的互动性。

詹姆斯·科纳曾写过一篇文章《亨特的思考：关于高线公园设计的历史、感受和批判》②。文中讲的是他的同事约翰·迪克森·亨特（John Dixon Hunt）——一位景观历史老师就科纳的高线公园项目和他进行的讨论。亨特曾经发问，为什么景观设计始终上升不到艺术的层面？纵观世界园林，真正能够引人联想的景观作品少之又少。而为什么文学作品能够激发人的思考？因为文字没有限定的形式来束缚人的想象。为此，亨特提出了三个问题：其一，设计如何不受局限于形式，可以激发人的联想；其二，设计者如何引导受众体会到设计的意图和方向；其三，持续性（the long duration），在景观中自然增长的体验和其意味是否可以经得起时间考验③。这种从艺术、文化、历史等其他视角引发的思考对于景观设计而言是非常有益的，能够促进景观行业对自己的反思。真正提笔做设计的人之间反而很少会出现这样的评论，一方面大家彼此理解设计过程中的艰难，往往会因为共同感受而惺惺相惜，另一方面因为学科的相似性往往就会有局限性，不容易产生启发性的观点。

评论应该属于理论研究的范畴。当前国内的教育在景观评论方面也尚待进一步发展。在美国的教育中，有一种类似于讨论课的课程（seminar），大家会就某本书或者阅读材料进行讨论并在课程开始时设置讨论规则，例如不使用攻击性语言、在限定的时间内进行阐述等。从这层意义上讲，学生可从课程中掌握客观、理性的评论方法。其次，这种课程亦能培养学生更宽泛、客观的视角，引导学生从社会、文化、经济等多方面看待问题。在我们景观专业中，对某位设计师的作品进行综述，包括时代背景、地域特色、作品呈现的解析，是一件浩大的工作，而非评价作品的好坏那么简单。

---

② 文章原题："Hunt's Haunts: History, Reception, and Criticism on the Design of the High Line"。
③ CORNER J,HIRSCH A.The Landscape Imagination: Collected Essays of James Corner 1990—2010[M].New York: Princeton Architectural Press,2014:341—348.

6. 未来您会倾向于成为景观行业中的专业评论者吗?

唐: 不会。与设计一样,进行专业评论也需要极大的专注,需要深入了解设计、设计师、项目的甲方、背景等,同时进行有广度的社会性思考,唯有在景观行业中扎根较深,且充分了解行业大环境,才能辩证地进行评论。这是另一个专业。我只是设计师,并且始终觉得做设计更有趣。

附 录
Appendix

时间在空间里流逝^①

　　"空间"作为一个重要的概念在景观设计行业里已经被充分地认知和广泛地讨论，我们大家都知道空间有一个维度，一维空间是一个点，它没有体积大小之分，应用在设计中，我认为它可大可小，可能是一个雕塑，一个节点，一个视觉焦点；二维空间是一个平面，它可以是一个行进路线，是一面墙，一个广场；我们常规讲到的空间一般指三维空间，包括了基本上所有的设计元素。如果再加上时间，就会变成四维空间(图1)。那么，时间到底是什么？

　　人类对于时间的认识是基于日常生活的感知。每一天的日出日落，一个月的月圆月缺和一年的四季变化，会使人感觉时间是循环往复的。但是基于对生命本身的认识，人类也认识到时间是单向的，正所谓"时间之箭""人不能两次踏进同一条河""逝者若斯夫,不舍昼夜"。人或许可以在一定尺度上改变空间，但对于时间，只能接受。我们对于时间的认识其实会有很多层面，有一些是出于直觉，有的是基于理性的思考，有些是由于现代科技发展而认识到的。时间对于景观设计来说，具有非常深刻的影响。在我们的实践中，时间有以下几个层面的意义：痕迹、舞台、叠加、聚焦、度量。下面我会结合具体的项目来分别谈一谈这几点。

---

① 根据张东在 2016 年 4 月北京林业大学的讲座基础上整理而成，选编时作者对文字及配图作了删改。

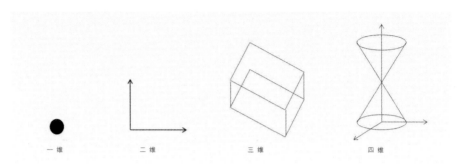

图1

1. 痕迹（Trace）

人对于自然的直接观察和认识，如昼夜、日月、四季变化，这些我们可以称之为"时间的痕迹"。时间在空间中流动，通过光影和色彩的变化在空间中留下痕迹，人通过看到这些痕迹，感受到时间的流逝和变化。除了植物在四季的变化之外，如果我们在一个场地里仔细观察，会发现阳光的变化在一天中的不同时间段和在一年中的每一个季节都是不一样的。这些不同，如果通过设计进行放大和夸张，会让人更加充分地感受到时间的痕迹。

九里云松的景观设计中，光影的变化痕迹通过一些景墙的布置很好地展现出来。一面简单的墙，在不同的时间由于光影的变化而产生丰富的效果（图2）；在昆山白鹭湾的项目里，我们在场地的东侧设计了一个半透明亚克力屏风，它可以遮挡场地外面杂乱的景观，同时，会将早上的阳光流动痕迹捕捉在上面，形成一幅光影之画；在宁波玖著里项目中，我们将小区南侧围墙处理成半透明的U形玻璃墙，这个墙对于内部道路上行走的人来说总是处于逆光状态，每一天的不同时间段它都有不同的光影效果（图3）。

不同地域的文明中，都有对阳光和对应的时间变化的观察。例如，中国古代的日晷能准确地反映一年中不同时间里光影的变化。我们在杭州良渚文化村劝学里公园中设计了一个日晷广场，游人充当了日晷上的指针，当站在设定的点上时，他们的投影会刚好投在具体的时间上（图4）；在北京万科时代项目上，我们将建筑屋顶水平的屋檐在北侧广场地面上的投影线作为时间刻度，来记录时间流动的痕迹。

图2 图3 图4

2. 舞台（Stage）

时间的"痕迹"反映的是人作为观察者观察到时间在空间中的流逝。如果人作为参与者，在不变的空间里，人的生活／行为随时间的流动而变化，一个简简单单的空间可能会因为时间变化而成为生活的舞台，提供各种各样的可能性。景观空间设计需要有功能的考虑，但许多景观空间的功能可能会在不同的时间段发生变化。空间真正的主角是空间中的人而不是空间本身，时间可以作为景观空间设计的一个线索。

有研究者认为《清明上河图》中的街道其实是反映了不同的时间段里的使用状况。城门口许多载满货物的车辆进入的景象应该是发生在清晨，街道上有上完早朝准备回家的官宦；午后，桥头大量的闲人观看过往船只……良渚文化村新街坊街道和广场的景观设计中，不同时间段的使用状况是设计考虑的一个因素，在不同的时间段里，使用者的数量可能会非常不同。我们既要考虑到在使用者不多的情况下商业街不会显得太空，又要考虑到商业活动时需要的相对大一点的空间，要考虑到节假日比如圣诞活动时的游人容量。青岛广告产业园街头小广场也面临类似的问题，设计时要考虑白天和傍晚不同的使用人群，夏季和冬季不同气候下的使用状况，常规情况和举行活动时的不同（图5）。景观空间相当于一个舞台，它能给表演者一个很好的环境，同时不会喧宾夺主。

3. 叠加（Compress）

《时间简史》中有一个光锥的概念。想象一下，将一块石头扔进水塘，水表面的涟漪向四周散开，并且涟漪以圆周的形式越变越大，这个二维的池塘水面加上一维的

图 5

时间，扩大的水圈与时间就能画出一个圆锥，顶点是石头击中到水面的地方和时间(图6)。应用在天文学上，我们所能观察到的夜间的星空，其实并不是这些星星在观察的瞬间发出的光，有一些星星距离我们如此之远，以至于当它的光传递到地球时，它可能已经消失很多年了。这个概念的提出是基于天文学，但如果我们把这个概念套用在景观专业上，也会发现一些有意思的事情。在我们观察一个场地的这个瞬间，它反映的是场地内过去的历史的总和，但这些过去并不是发生在同一个时间点里。

以山水间项目的现场照片为例，现场的各个元素均发生在过去某个时间点：现场水文条件——约40亿年前,山体＋土壤——几千万年到数百万年前,植被——约10～50年前,鱼塘——约40年前,宅基地＋宅旁台地——约80年前,小路——约30年前(图7)。显然，有一些对于场地来说更为基本的要素，比如日照、水文和土壤，在照片中并不是很明显，比较容易被忽视。这些过去发生的事件被叠加在一起，形成我们现在面对的现状，我们的设计会改变其中一些事件，比如部分植被、小路和宅基地，但其他一些根本的要素比如水文和山体不会被改变。从这点上来说，景观设计需要将过去、现在和未来发生的事件叠加在一起进行考虑。设计应该包括对过去事件的分析以及对未来事件的预计，然后制定出适合目前采用的策略。

再比如，我们设想有这么一个园林，它的尺度巨大，人在里面游览时，由于游览的速度有限，他在里面看到的每一个景观都实际上产生于不同的时间段。也就是说，这个游客对这个公园的认识也是不同时间段的景观的叠加。中国画里经常会有"千里

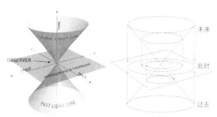

图 6

江山图"这种主题，画家在一段时间里沿江游览各处名山大川，然后挥毫绘制出一幅画。由于游览的时间不一样，完全有可能会在画中同时体现出春夏秋冬不同的景象。

4. 聚焦 (Zoom in & Zoom out)

对于空间来说，会有一个尺度的问题。我们都知道在不同的尺度下，世界相差会非常大。通过放大或缩小，我们可以理解宏观的太阳系和宇宙，也可以理解分子、原子等微观世界。时间也是一样的，也可以被放大和缩小，或者说拉长和缩短，是人们能理解的在很长时间内或一个瞬间发生的事件。人对时间的感知和自己的生命长短有关系，但时间的长短有一定的相对性。庄子说的"朝菌不知晦朔，蟪蛄不知春秋，此小年也。楚之南有冥灵者，以五百岁为春，五百岁为秋；上古有大椿者，以八千岁为春，八千岁为秋。此大年也。"比较夸张，但的确反映了时间的相对性。对于人来说，超长时间和超短时间都是不能直接感受到的。在设计中，我们会把一个在很长时间段里发生的事情浓缩为一个人可以感知的片段，或者把一个很短时间内发生的事情拉长，让人能够感知到。

植被约 10 ~ 50 年前　　　　鱼塘约 40 年前　　　　山体 + 土壤 几千万年到数百万年前　　小路约 30 年前

水文约 40 亿年前　　　　　宅基地 + 宅旁台地约 80 年前

图 7

图8   图9

　　苏州樾园最初的灵感来源于建筑设计的"太湖石"概念。太湖石是石灰岩在水中
或土壤中经历过几百万年的冲刷或腐蚀而成，这个时间长度远远超出了人能感知
的范围。我们在设计小水溪的时候受到启发，把雨水在几百万年里，流过地面，
冲刷出蜿蜒曲折的河道这一个时间概念浓缩出来，通过等高线的方式把这个概念
表达出来（图8、图9）。在东莞万科的一个商业广场设计里，我们做了相反的事情。广
场的概念是水流，为了表达流动的水，我们找到一张波光粼粼的水的照片（图10），
这个应该是发生在0.1秒以内，稍纵即逝，必须用快速相机才能捕捉到的景观。我们
在设计地面铺装时，将这个发生在一瞬间的景观固定下来，成为一个人可以感知的固
定片段，所谓"刹那即永恒"（图11）。

5. 度量（Measurement）

　　从年、月、日到时辰、小时、分钟、秒，时间的度量单位是人感知自然的重要途径，
某一段时间内发生的事件是时间可被感知的一个参照物。我们都知道一年是地球绕太
阳运行一圈的时间，一个月是月亮绕地球运行一圈的时间，一天是地球自转的时间。
这些时间其实并不是完全精确。我们通常认为，一天被划分为24个小时，每个小时被
划分为60分钟，每分钟划分为60秒。但是在科学上，秒的理论定义为光在真空中传
播299 792 458米所需的时间，秒的测量定义为铯133原子基态的两个超精细能阶间跃
迁对应辐射的9 192 631 770个周期的持续时间。每个人对时间的感知会有不同，甚至
同一个人在不同的情况下对时间的感知也是不同的。

那么，时间在日常生活中是怎么度量的呢？在做北京五道口优盛广场改造项目的设计时，我们发现场地旁边曾经有一条铁路，每天当火车到来时，车行和人行道路就会被栅栏拦住禁止通行。所有的人和车都会停下来，等到火车过去，然后一切照旧。这里面暗含的时间概念很有意思，它隐约产生一种对时间的仪式感。我们在设计这个广场时，专门设计了一个可以旋转的转盘来记录和度量一个小时，类似一个地面上的巨大的时钟。在另外一个项目里，场地下面有地铁穿行，每五分钟会有一趟地铁通过，我们将水景的间歇设置为五分钟，以记录和度量这个和场地相关的特殊的时间段（图12）。

6. 时空的维度（Time and Space Dimension）

我们通常认为"时间之箭"始于大概40亿年前的宇宙大爆炸。有一个很有意思的比喻：可以想象一个人的身高是整个地球的历史。宇宙大爆炸的那一瞬间是脚底，现在这一瞬间是头顶心。生命大概出现在下巴的位置，整个恐龙时代是鼻子的长度，而人类出现在额头上部，有历史记录的人类文明大概只相当于头顶心那么一小片距离。对于时间长河，人类文明只是一瞬间。空间也一样存在这样的情况，我们所能理解的空间只是整个空间范畴内很小的一部分，可谓沧海一粟。

在这个宏观的时空维度下来思考景观问题，会有不一样的体会。当前景观设计上大家关注的各种话题，有一些可能会持续得长一些，有一些可能只会持续很短时间。不过，不管什么话题都不能离开时空的背景。

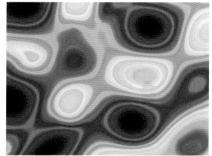
图10

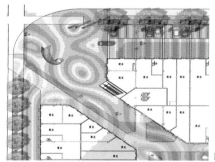
图11

图12

用时光雕刻[①]

2009-2015 年，我们的办公室在由旧的厂房改造而成的一个小创意园区——红坊。办公室旁边有个小咖啡馆叫"雕刻时光"，里面有不少书籍可以借阅，是个消磨时间的好去处。咖啡馆的名字大概也是这个意思，美其名曰"用时光雕刻生活"。由于当时办公室比较小，有甲方来访时，我们一般都会去"雕刻时光"。

2015 年初，长沙山水间项目建成后反响很好，成了里城公司的明星项目。地产公司意识到做好一个社区公园同样有利于房产销售，对潜在的客户来说，它甚至比单纯地做一个酷炫的临时售楼样板公园更有吸引力。随后里城苏州公司找到我们，在社区的一个角落划出一块和山水间一样大小的一块地，计划做一个社区公园。这就是樾园的来历。

樾园距离苏州老城17千米。像所有城市的新开发区一样，苏州新城与旧城的对比，一个是现代的、车行尺度的、公共生活的，一个是古典的、人行尺度的、私家庭园的。对樾园最初的定位思考，就是可不可以在一个全新的现代公共生活中，延续苏州园林文化的文脉，让观者可以意识到，这里处于苏州的新城，而不是中国其他某个地方的新城。

①本文撰于 2018 年，作者：张东。

图1

图2

图3

建筑概念提出整个建筑是一块太湖石——窗是石洞，内庭院也是其中的一个石洞。提到太湖石，无疑是中国苏州古典园林的标识之一。苏州留园的太湖石"冠云峰"据说就是当年艮岳造园，因为石头太大无法运输留下来的。明代造园家文震亨的《长物志》认为，"太湖石在水中者为贵，岁久被波涛冲击，皆成空石，面面玲珑"。如果按照现代科学的说法，太湖石的成因有两种：一是土壤酸性的腐蚀，二是流水的冲击。无论怎样，都是岁月在石头上留下的印记，太湖石可以说是最忠实的时间镌刻器。

中国古人对时间比较敏感。部分原因可能是比较空闲。当人空闲的时候，就会对抽象之物产生联想，比如"逝者如斯夫，不舍昼夜"。再无聊时，就会造出"曲水流觞"这样的景园予思考于玩赏。由太湖石，到时间，到流水，就是樾园形态的产生：用流水的侵蚀，在石头上镌刻时间；时间飞逝，就像倒映在水中的风云。

1.4公顷的公园是一个大的太湖石，建筑是其中一部分。公园内的各种活动场地也是太湖石的一部分。在概念、方案、扩初和施工图阶段，整个公园都整体设计，计划整体呈现。建筑的内庭院只是简单地处理成了一片小树林。然而，建设开始后发现场地下层的岩石十分坚硬，建筑基础比预期的要花更多时间。公园整体呈现不能满足项目的销售计划，只能呈现沿街绿地和建筑中间的内庭院。如果公园整体呈现，内庭院可以简单地处理，但如果只呈现内庭院，原来的设计就有些不够了，需要更多的笔墨。所以我们重新设计了这个内庭院部分。

故事的源头，是一个以宋碗为造型的溢水台。类似一盘围棋中的"眼"。碗中间有一个隐形出水口，等水溢满，沿碗的外壁漫出，会注入地面的溪中。对于溪水的考量，曾经有过不同的方案。如果考虑景观施工队的工艺水平，用模数化、锯齿形的溪流边界是最有保障的。问题是这个方案的现场施工带有随机性，难以通过施工图纸严格控制效果；同时以后使用中的维护比较烦琐，并在使用中有安全隐患（比如通过模数叠加，最后溪水的深度比较大）。所以，最后的方案决定使用整体化的石材定制，并在上面刻等高线，通过精心的图纸设计以及工厂加工保证质量。

这个水景算是一个现代版的"曲水流觞"，采用的形式和建筑相协调。内院分为溪院和水院两部分，面积相当。曲水缓缓地流淌在溪院铺装场地中央，最后进入水院。整个内院氛围静谧，既适合步入其中近赏游玩，也可以从建筑中观赏。

为了表达出水在很长的时间里对岩石雕刻的痕迹，我们决定用类似等高线的方式来做曲溪，就像是树的年轮，能清晰地看到时间的流逝。等高线的间距和高差经过几次尝试，并做了1:1打样，最后综合各种条件做出选择。水量、流速、安全跨越、石材厚度、加工工艺都会影响最终呈现的效果（图1～图3）。

樾园在建成之后反响不错。在一次讲座后，一个设计师过来，说他们也设计过类似的东西，但被甲方否决了，说不可行。言下之意是自己运气不好，没有遇上好甲方。对于这个问题我是这么想的：通常，我们的设计是基于对材料和工艺的了解，而不是先做了一个形式，然后再去找材料。樾园内庭院的曲溪在设计时要考虑到每一块石材的尺寸、重量、厚度和完成面。因为这关系到加工精度、加工周期、运输、安装、调试、维护、造价、施工顺序和周期。如果在设计时没有考虑到这些因素，甲方觉得不可行也是可以理解的。

苏州古典园林的建造动辄数十年时间，设计师可以在不同季节里仔细观察和体验场地，有足够时间从容地对设计进行调整，慢慢雕琢。相比之下，在现代的造园实践中，设计和建造周期被大大压缩。设计时需要考虑的各种问题都集中在一起，要在很短的时间内快速解决。其中的不同有些类似真正的太湖石和樾园的曲溪。

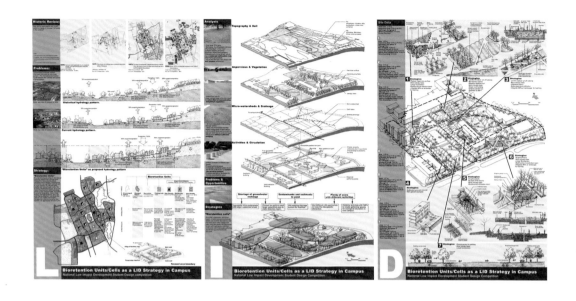

张唐的景观实验[①]

我们作为一个景观设计公司,大部分时候做的事情跟一般的景观公司没有什么区别。但是今天我讲的主要是一些这几年我们做得相对比较特殊的尝试,所以叫张唐的景观实验。

2008年底的时候,我和子颖从美国回来开始做自己的公司。当时其实并没有完全想好要做什么、怎么做,或者是做什么事情,所以我们就用自己的姓来做了这么一个公司。虽然当时关于做什么和怎么做没有想好,但有一点我们是有共识的。大家可能都知道,设计行业没什么知识产权的概念,你的想法很好,可能很快就会被别人抄袭过去了。如果大家都抄来抄去,行业就很难有什么进步。所以我们希望能够尝试一些别人没做过的事情,而不是简单地重复常规做法。

①根据张东在2017年9月23日西安"一席"平台上的演讲基础上整理而成,选编时作者对文字及配图作了删改。

当时正好上海在准备 2010 年世博会。世博会的一个口号是"城市让生活更美好"，英文叫"Better City, Better Life"。实际上，这个英文跟中文意思不太一样，我觉得英文的意思更加准确一些，就是说如果城市更美好的话，我们每个人的生活都会更好一些。当然，更好的城市会有很多层面，景观是让城市变得更好的其中一方面。能够通过做一些事情让大家的生活变得更好，我们也觉得很荣幸。

景观这个行业有一些特殊情况，其中一点是技术门槛显得比较低。基本上所有的人对于景观设计都可以有自己的看法。比如说，一个从业几十年的很有经验的设计师深入研究，对一个城市广场做出提案，可能很容易被不懂行的甲方否定掉，要求把场地全部种上树、种上草，不要让人进入，便于管理。这里很难说得上谁更有道理，它某种意义上反映了不同的价值观。价值观是会随时代变化而变化的，而且你很难说你的判断更好一些，尤其是遇到比较复杂的项目，有很多利益方参与时，景观设计师的话语权就很小。我觉得美国的同行针对这种情况采用的策略之一是提高行业的技术含量。我们当时在美国上学的时候，参加了美国景观行业和环境保护署 (EPA) 共同组织的一个低影响开发 (LID) 竞赛，根据降雨量、土壤情况、地表覆盖物的不同，很客观地计算需要怎么控制降雨在场地中的分配。同时，将这个有不少技术含量的计算和相对主观的景观感受结合在一起，整合成一系列符合校园特征的景观设计策略。这个思路很符合我们对景观的定位：科技和艺术的结合。回国以后，我们有了一个机会把当时学的东西实践出来了。万科在东莞的建筑研究基地，它一方面是一个比较偏艺术化的处理，但另一方面其实也有很多计算，有一定技术含量，算是主观和客观的结合。2014 年，这个项目得了美国景观行业 (ASLA) 一个很重要的奖，也在很多杂志和网站发表过。

从某种意义上来说，这个设计和美国的设计师做的是很相似的事情，相对比较国际化。但是当我们回到中国，生活在中国的这片土地上，也有了两个孩子，经常需要兼顾生活和工作，我也会对中国的一些现实问题有更多的关注。在这个过程中，我们体会了中国设计师跟美国或者是西方的设计师一些不一样的地方，那就是其实我们是

图1

图2

在为中国的人在做设计。我们也会在设计里面把我们在日常生活中感受到的很多美好的东西传达给别人,这是我们做设计的一个初衷,既是出发点也是目标。

作为设计师,我们会遇到一个设计灵感从何而来的问题,根据我们这些年的实践,灵感往往来源于设计师的生活,设计师自己的一些美好体验。在做安吉桃花源项目时,子颖正在给孩子讲一个绘本故事,叫《鲸鱼》。她讲一只鸟在天上飞,后来看到一只大鲸,然后村子里面的人就赶快出动去找这个鲸到底在什么地方。找了半天,一本书就快结束了,然后发现,喔,原来这条鲸是一个湖的样子。这个故事想要告诉孩子,站在不同的角度看同一件事情,会有不同的结果。她就把这个绘本融进了这个项目中,结合各种活动空间讲了一个关于好大一条鲸鱼的故事。这个社区儿童公园也被命名为"鲸奇谷"。

我要着重讲的第一个设计是我们在成都麓湖做的一个项目。从图片中可以看到,这是一个很大的湖面(图1)。这其实是一个人造湖,当时开发商做了很多植物的净化、水生物的净化,所以水质是非常好的,是可以直接跳进去游泳的。这个湖他们大概总共做了有十年时间,我当时去看了以后印象非常深刻,觉得很感动,因为这个项目做了这种真正地改善环境的事情。他们还做了一个博物馆,讲关于水生态的知识。

麓湖当时找我们做其中的一个儿童乐园。我当时就想起来,有时候我会给孩子讲一些比较偏科普的故事,比如说水是怎么回事。当然我们都知道水其实是地球上非常

图3   图4

重要的资源，它会有不同的形态。小水滴变成云，下雨变成小溪流，然后汇成湖；冬天会变成雪、变成冰等等。单纯地科普对小孩子来说是比较枯燥的。后来我们想，有没有可能把这个故事融入这个设计里面去？也就是说，它还是一个可以玩的公园，但同时也隐藏着一个关于水的故事。它就像一个户外的关于水的自然博物馆，周末时周围社区的小朋友可以来玩，平常时候，学校老师可以带学生来玩，就像是参观自然博物馆一样，成为一个学习和娱乐一体的场所。

公园入口这边有一个水景，我们叫地球之眼。里面有一个世界地图，可以看到地球上陆地部分和海洋部分，海洋占了地球表面的70%。我们称之为跳跳云的是一个巨大的充气蹦床，很多小朋友可以跑上去玩（图2）。同时也会知道这是很大的一朵云，有云就会下雨。旁边有个小广场，这个广场上有几辆互动自行车，你要踩这个互动自行车的话，水就会开始喷起来，你去玩的时候就再也不用担心物业没有开水不能玩了(图3)。水喷完了以后汇聚到这边，会形成一条小的溪流，顺着这条溪流会缓缓地流下来。这个地方本身也是一个消防通道，所以也不能做别的东西。我们当时设想的是会有人沿着这个溪流往下面跑。后来看到小孩在这儿跑，就觉得跟我们当时设想的很像，很有意思（图4）。这个溪流会变成一个池塘，池塘里面会有一些涌泉。可以看到旁边有一个台子，台子上面有一个触控，你去摸到那个触控按钮的话，对应的水就会喷起来，所以它比常规的水景会略微多这么一点特殊的地方。小朋友在玩的过程中就知道了一些关于地球上水循环的事情。

图5

图6

图7

图8

水除了液态之外，还会有固态，雪和冰。我们也做了相应的设计。大家可能都有过滑雪的经验，如果正好有一个雪坡，小朋友超级喜欢，会在那边玩大半天时间。正好这个项目场地上有这么一个高差，我们就利用现有的高差做了一个雪坡的概念(图5)。实际上我们也做了很多研究，比如说坡度应该多少比较合适，摩擦力多大比较合适。做完以后，甲方说："你做的设计，过来滑一下，你做得太陡了。"我坐在这儿看了一下，的确是太陡了，觉得好可怕。但是自己做的设计，咬着牙也要滑下去。看上去很陡，实际上并不是那么可怕，毕竟我们都是做过很多计算和模拟的，很安全。

另外，场地里还有一些别的有趣的设施。比如一滴水是水面上的一个亭子。它像是一个雕塑，但是又是一个亭子，可以坐进去玩。下面这几个小水滴，坐在上面可以晃来晃去的，反射到这上面的反光很好玩的。还有一个漩涡的滑梯，也是一个水的形态。有一条通道像是一个冰川峡谷。你从里面走过的时候会有一些感应的小装置，到时候会听到叮叮咚咚水的这种响声。

我们刚才说的只是公园里面比较有意思的一些点，这些东西都极大地增加了公园里的趣味性和体验感。这些点之所以能够实现，很大的原因是我们有一个艺术工作室。作为常规的景观项目设计师，你画完图之后就会把图纸交给施工队。是施工队去做，我们是不参与真正的制作。但是经常会遇到一些问题，施工队会说这个东西太复杂了，做不了。比如说互动自行车，他说这些东西他不会做。后来我们就成立了一个艺术工作室，有一个2000平方米的工厂。如果实在碰到施工队说不会做的时候，我们就说："那请让开，我来做。"像刚才项目里面的这些东西都是我们自己去做的。一旦刚刚开始有了一个概念以后就会去实践，做一些测试和试验，最后在工厂里面制作。这个项目里，漩涡滑梯就是在上海的工厂里面做好，运到成都去安装。这个效果就可以控制，而且可以比一般的项目做得更加出彩一些。有了艺术工作室技术上的支撑，我们的胆子就会比较大，在创意上就会走得更远一些。

当时我们在美国工作的时候经常去海边（图6），后来回到上海以后我们就想，上海虽然叫"海"，但是根本就没有海滩，因为岸边全部是淤泥。有没有可能把海滩做到城市里面？会很有意思。正好我们在苏州有一个项目，我们就试验了一下。当然要实现这个想法其实要做很多的试验，比如说怎么样来做海浪。我们做了一些纹理才能够夸大这个效果，这样它就会比静态的水更有意思一些，明显地会让人能够联想到海边海浪过来的感觉，而且它的互动性等各方面都会比较有意思。这个公园里其实旁边会有一些商业，周边的人都可以去玩。小朋友会非常喜欢在水池旁边踩着水玩，浪一涌上来待会又退下去。而且还有一个好处，就是这个水只是一个百分之几的坡度，当冬天把水关掉以后，它就是一个广场，跳广场舞啊，随便干什么都可以（图7、图8）。

做完海浪这个项目，我们又遇到了另外一个更有意思的项目。这是北京五道口的一个项目，这个现场其实就是建筑旁边的一块空地（图9）。商场做完了以后，剩了一块地他们不知道干什么。原来是个停车场，后来想改造一下，变成一个人可以参与的地方。五道口这块地方其实挺有意思的，很久以前本来有一条火车道，当时火车从那边一走，就把闸关掉，人在旁边等着。但是这个城市景观后来就被拆掉了。照片是我们在网上找的，它是最后一辆从这儿走的火车。五道口有一个外号叫"宇宙中心"，因为感觉全世界的人都想涌进那个地方。宇宙其实也是一个客观存在的自然，那我们有没有可能把宇宙这个概念也做到项目里面去？

我们就想宇宙的本质是什么？很多星球会旋转，而且星球一旋转就产生了时间的概念。我们讲的一年、一天，这些时间概念其实都跟太阳系的旋转有关系。所以我们就在这个广场上做了一个直径19米的巨大转盘（图10、图11）。这个转盘每一个小时转一圈，当水景转回到原位以后，喷泉就开始喷了。喷十分钟它就停下来，然后又接着转，像一个巨大的闹钟一样。我们给它取了一个名字，叫"等待下一个十分钟"。这个广场，你每次去的时候它都是不一样的，因为转的位置都是不一样的。而且我们专门在这个转盘上面放了一个座凳、一棵树、一个路灯，所以你要是不注意的话，会发现这个地方为什么有一棵树的位置偏了，跑到别的地方去了。实际上有很多人就可以坐在上面什么都不干，在那看着周边的一圈。通过这个设计，我觉得这块地方变成了一个小的地标性的景观，很多人都会去那儿玩，而且也吸引了周边别的社区里的小朋友到这个地方来玩，改变了这个地方原来的城市面貌。实际上，转盘这个技术本身并不是我们发明出来的。它是一个工业上面已经比较成熟的转盘设备，就像我们看车展的时候的台子，不过我们做的这个格外大而已。而且我们是第一个把它用在一个城市广场上面。

当然有时候我们也会遇到一些传统的地方的项目。比如苏州这个，它当时就想强调地方文化，建筑做了太湖石的概念。我们在建筑中间很小的一个院子要做一个小的水系，这个水系我们取了一个概念，是中国传统的曲水流觞的故事，想把这个东西做到里面，只是比较小一些。水在里面流动会侵蚀地面，最后形成了这么斑斑驳驳的一个小的水景。做完这个图以后，当时其实大家都很满意，施工图都开始画了。我过去一看，如果是按照这个做的话，可能效果也会很好。但是它有一个问题，就是施工队做的这个可能质量上不是很能保证，而且可能会做错很多地方，所以我们就想重新做，希望能够把它控制得更好一些。这个溪流像一个雕塑一样，其实是用了很大的石头，上面刻的是水的年轮。当水从那儿流过来的时候，一年一年在上面刻下了这种印迹。出水水源，乍一看就是一个小水池，但里面有很细腻的纹理。它跟周边环境的反光非常有意思，很漂亮（图12）。这个项目也让我们得了美国景观设计师协会ASLA的奖。评委对这个项目的评价是说它的施工的完成度非常高。这一点我们也很高兴，因为在过去一提到中国的项目，就说中国的东西质量比较差。但是这个项目质量居然能够做到这么高，他们也很惊讶。

最后讲一个长沙的项目：长沙山水间社区公园。这
个项目是一个社区公园，周边有很多居民区，就留了
中间一小块，大概一公顷多的一块绿地做成一个公园。
做这个公园的时候我们就想，在现在城市化的过程中，
很多不认识的人从其他地方搬到一个社区，进了这个社
区以后，你会发现其实谁也不认识谁，那这个公园其
实是一个大家互相认识、接触的很好的机会。所以我
们就想，公园怎样能够照顾到这些人的日常生活需求，
成为一个新的社区文化形成的纽带。同时，我们也不
想再像常规的公园一样做一些人工水景。大部分公园
的水景其实都是灌的自来水，最后维护各方面的事情
都有问题。我们就想利用自然本身的雨水，做一个能
自我维持的雨水生态系统。公园既满足日常生活需要，
又有很好的生态环境，我们取了一个名字，叫"家在
山水之间"。这个生态系统其实还挺复杂的，我们做
了很多计算，算整个公园下雨的量，以及雨水怎么收集、
汇聚，中间形成的湖的面积是多少，包括它的渗水性。
下暴雨水溢出去的时候会有一个地下的蓄水箱把水收
集起来，等到旱季的时候就把蓄水箱的水提出去又灌到
公园里面。湖里有一层水下植物以及各种鱼、虾、螺蛳，
可以净化水质。公园现在已经建成三年了，每次下过
雨之后第一天湖水会有些混浊，但第二天就清澈了。说
明这个水系本身的自我净化能力非常强。虽然很小，但是是
一个很好的生态系统 (图13)。

这个生态系统一般人是看不见的，我们其实非常希
望能够让人看到它，了解它。比如说，我如果带着小

图9

图10

图11

图12

图 13

图 14

孩住到这个社区里面，我可以在带他去公园玩的时候讲一下这个水是怎么回事。为了这个目的，我们在一块地方专门做了一个可以参与或者去了解这个生态系统的一个小花园，我们称之为阿基米德花园。这里面用了两个阿基米德发明的机械取水器，可以把水从比较低的地方提升到比较高的地方。它会从高的地方流到一个戏水区，然后流到植物区，最后流回到湖里面。在这个过程中水质本身也会得到更进一步地净化。这两个取水器也是我们自己工厂做的。有一个凸面镜，一个凹面镜，小朋友从旁边路过的时候会看到，咦，这是个什么东西？一转，发现可以把下面的水带上来（图14）。旁边的台子上会有说明牌，你可以看到原来这个雨水系统是怎么回事。

在山脚下的这块地方，我们做了一个以昆虫为主题的儿童乐园。这只大蚂蚁的肚子里面是可以钻进去的。有一个小朋友钻到这个肚子里面，假装是一个蚂蚁宝宝在那边玩（图15）。利用地形做了几个滑梯，像是一个巨型毛毛虫。这些滑梯有不同的坡度，胆子比较小的可以滑比较缓的（图16）。广场上面有几个巨型瓢虫的玩具。这个瓢虫本身小孩也可以爬到上面去当滑梯玩。同时它的眼睛是可以转的，你只要转这个眼珠子，里面的八音盒就会转动，就会有音乐响起。这个八音盒我们是在杭州找了一个专门做八音盒的师傅。他从来没有做过这么大的八音盒，这是他第一次做这么大的八音盒藏在里面。在另外一个项目里我们也用了这个瓢虫。但是当时因为它是一个商业广场，我们觉得太吵了，音乐是听不见的，所以就想做一个跟灯光相关的东西，所以用了触控技术。当小朋友过来摸它的时候，瓢虫眼睛会一闪一闪地发光。

图 15   图 16

　　乔布斯说过一句话：很多人有一种误解，认为提出一个概念非常地牛，已经完成了 90% 的创意工作，别人可以按照这个思路去实现，其实从概念到真正的实践还有大量的工作要去做。事实上的确是这么回事。很多时候你会发现，你刚开始提出的一个概念出于好玩，觉得要做一个有意思的东西。往下具体发展的时候，你会对这个设想，对材料、工艺、维护等有更多的了解，然后你会去调试。甚至有时候会反过来调整你的概念，做适当地修整，这时候才能真正地把它实现出来。在这个试验过程中，你会知道什么是需要坚持的，什么是需要调整的。设计其实在某种意义上就是一门妥协的艺术，是一个度的把握，一种权衡，在现实和理想之间找到一个最佳的平衡点。最好的设计往往是平衡得最好的一个设计。

The Landscape Imagination 读后感①

　　亲眼见到詹姆斯·科纳（以下简称为"科纳"），大概是2004年，纽约有一个景观论坛"设计风潮"(Groundswell)，邀请了美国当红的景观设计大师，包括玛莎·施瓦茨，凯瑟琳·古斯塔夫森，哈格雷夫斯等人，当然也包括科纳。

　　他讲的就是高线公园的设计。当时，以我们的认识水平，正在消化的是美国现当代的设计理念，而且为这个前所未知的设计概念所冲击，它完全颠覆了以前在中国所学到的传统的设计方法；科纳谈论的是比现代主义设计更超前的理念，这是我们在当时的情况下无法理解的。

　　后来高线公园修出来了，他更加名声大噪。哈佛大学的年轻学生们开口闭口"景观都市主义"(Landscape Urbanism)。我们作为战斗在一线的设计师，风闻着周围的各种评论，比如实践型大师表示对这个概念"不懂"，或者有些针对性的反对。继续埋头做事，说得再好有什么用？理论跟我们没关系。2014年夏天，也就是十年后，我们休假途径美国洛杉矶，顺道参观了他的又一个新项目汤加公园(Tangva Park)，更加让我对这位大师的实践能力表示怀疑；特别是对比彼得·沃克同时期、同背景、同大小的另外一个项目市民公园(Civic Park)，我强烈感觉后者对场地的把控更加老道，场所的领域感更强，被当代年轻学生不屑的早期现代主义讲求的形式感，因为清晰的唯美，让我感觉更踏实。为此，根据自己的直观感受，脑子里一直浮现的问题又来了——设计中的形式到底在设计中处于什么位置？设计师的执着力到底应该在项目中保持到什么程度？早期现代主义提倡的场所感，是设计的基本还是只是时髦一时？

　　2014年，因为整理张东的手绘书稿，不自禁地开始想一些关于设计的本题。急于想印证，自己对设计的认知对吗？已经过时了吗？为了寻求答案，我首先想到的是国内我最信服的景观设计师朱育帆老师。办公室有同事是朱老师的粉丝，帮忙找来他发

①原文发表于张唐景观微信公众号，撰于2015年。作者：唐子颖，选编时作者对文字及配图作了删改。

表过的所有文章。读后心里终于找到一些踏实和自信。设计的本题是尚未解决的话题，太多大而空、为了夺人眼球、独树一帜的所谓理论把设计拉偏了方向。"对于设计师而言，形态是一个不应避讳的永恒话题，造型是设计师永远需要寻求提升的一项核心能力。"[2] 同时感觉真正的理论不是没事找事，或者故作玄虚，而像是实践的照明灯，引导实践在时代中不停向前。

有了这个前提，从心理上对设计的理论不再反感。2014年11月，从ASLA丹佛会议上带回来一本书 *The Landscape Imagination*。书中收录了科纳从20世纪90年代至今发表过的文章。细细研读，开始有了不同感受，同时也为自己以前对科纳的偏见感到汗颜。越读，心中的敬佩越强烈；越读，越多地感同身受。在此一一列举，希望可以把自己的想法说清楚。

首先，科纳格外清晰的逻辑、准确的语言是我喜欢的文字的基本条件。其次，科纳从来不反对艺术和形式的唯美。虽然他的设计重点不在这上面，但从他的文集中可以看到，他对现当代绘画、艺术史的修养很深，文章中的引用信手拈来。

1. 生态

谈论没有社会性（non-culture）的自然（wildness）是没有意义的。人是自然中的一员，那么人的社会性就会导致我们所谓的"自然"具备社会性。"……我们不是生活在自然中，而是生活在与自然的关系中。我们不是住在地球上，我们的生活远远超出地球。"[3] 所以生态，不单纯是一个技术性的概念，它的社会性，包括文化、艺术，才是核心，才有意义。举一个简单的例子：在美国南方，在一个社区里推行生态雨水花园是很困难的，原因很简单——招蚊子。人人都不愿意与蚊子共同生活，而这也无可厚非。每个物种生存所需要其他物种付出的代价，不仅始终是生态平衡在技术上的难点，也是在寻找道义上的最低点。

---

② 朱育帆，姚玉君. 为了那片青杨（中）——青海原子城国家级爱国主义教育示范基地纪念园景观设计解读[J]. 风景园林新青年，2012(1).
③ 原文：… We dwell not in nature but in the relation to nature. We do not inhabit the earth but inhabit the excess of the earth. ("Ecology and Landscape as Agents of Creativity") CORNER J, HIRSCH A. The Landscape Imagination: Collected Essays of James Corner1990–2010[M]. New York: Princeton Architectural Press，2014: 270.

还有一个例子,美国麻省理工学院(MIT)的学生中心,弗兰克盖里(Frank Gary)的设计。它周边的环境,MIT 投入巨资,做了一个真正的雨水花园系统,所谓真正的,就是指非常完整、地道,有很多地上、地下的设备收集、净化从建筑屋顶、场地收集来的雨水,而净化后的雨水,真正符合美国二级用水标准,在学生中心这个建筑里用来冲马桶。早期建成后,我们进去体验过,从外表实际上看不出太多花样,室外的雨水花园有大大小小的石块,面貌普通,不说应该没人知道它的特殊功能;室内马桶抽水,颜色灰灰的,倒是会让细心的外行人疑心马桶出了问题。后来有幸听到佐佐木 (SASAKI) 负责这个项目工程部分的人讲座,详细谈到雨水处理的相关技术,包括物理水处理使用的植物配置,需要在使用中一直花大价钱、大力气维护。

这就是以生态技术为核心的生态景观。它往往呈现出一个悖论:人类精心策划了一个尽可能趋向纯自然 (wildness) 的自然,而又需要花大量的精力和资金维持它,这是多么不自然的一件事啊!

我想这就是科纳想反复说明的一件事。生态学 (Ecology),不是一个技术上的概念。"它可能更少关注项目的建成,而更多的是设计的过程、策略、组织机构、支架。"④

"生态和景观是创造性的原动力" (Ecology and Landscape as Agents of Creativity) 是科纳 1997 年写的一篇文章。12 年后,也就是 2009 年,高线公园一期建成。以后随着二期、三期的完成,这个项目赢得了全世界相关行业的关注,一片喝彩。因为它真正意义上实现了景观都市主义倡导的社会多方合作,设计过程是线性平行 (horizontality) 的,而不是竖向阶梯状 (hierarchy) 的。从这个角度看,这个项目的实施印证了这个理论的合理性、可行性。但是,世界上没有完美的事。2014 年 7 月,罗宾·莱恩·福克斯 (Robin Lane Fox) 在金融时报 (*Financial Times*) 发表了一篇文章《狭隘思想》("One-track Thinking")。文中讲述了高线公园的后期维护问题。当初设计的最主要概念就是创造一个完全自营的生态环境 (wildness),所以,这个项目专门请了皮特·奥多夫 (Piet Oudolf) 设计植物,可以说每一棵植物都是精心配置的。但是,悖论又出现了,为了维护这每一棵植物的生长,高线公园投入了大量的人力成本,又变成了人类操控下的一个不自然的自然。理论和实践之间的鸿沟还是没有被跨越。

④原文:… a truly ecological landscape architecture might be less about the construction of finished and complete works, and more about the design of "processes", "strategies", "agencies", and "scaffoldings", "Ecology and Landscape as Agents of Creativity", The Landscape Imagination, p278.

我们必须对生态重新定义。如果是无人力介入的生态（wildness），其实靠景观师是不能设计出来的，最好的设计是别管它(leave it alone)，让大自然自行其是；那么，我们应该设计的，是一个包括人类社会一体的自然生态，用科纳的词就是进化论(evolutionary)，时间过程(time-base process)，动态几何结构(dynamic geometric structurations)，等等，高度互动的过程和关系，即生活本身……(highly interactive processes and relationship that are life itself …）。看到这里，其实我们已经不是那么清晰地知道科纳到底要说什么了，因为反对一件事情，是比较容易说清楚的；而我们更想知道的是，科纳到底想提倡、推崇什么样的设计方法或者概念？可操作性如何？或许就是这个不清晰，导致实践派的大师们对此理论不屑一顾。太虚了，只有这些概念性的名词有什么用呢？

其实，认真地想一想，我们真正面对的"生态"，核心就是在讲人与自然之间的关系。不同的文化，对待自然有自己的价值观——美学方面的（有的文化认为是美的自然状态，有的则认为是丑的），功能方面的（有的文化更重视自然能为我所用，有的则看中其观赏价值），等等。基于不同的价值观，人们会产生不同的对待自然的方式。因此，生态的社会性是不容忽视的，生态技术可以全球统一，而由人类社会介入的"微生态"其实是基于不同的文化而产生的不同形态，从而需要不同的设计方法。

中国是什么样的生态文化观？应该说从农耕时代到现在发生了巨大的变化。农历，充分体现了农耕时代我们对待自然的态度。从二十四节气、数九歌可以看到，靠天吃饭的时候我们是多么地小心翼翼——什么时候土地解冻，什么时候下雨，什么时候昼夜平分——因为吃、穿、住、行，人的生存之本掌握在老天手里。现在呢？蔬菜种在大棚里——天冷天热都没关系，杀虫剂和化学肥——保证了人们不会因为天灾地荒饿肚子，那么空调、暖气、汽车、电讯……不仅是我们离自然越来越远，而且是我们越来越感觉到自己的强大，越来越不用在乎自然的力量。所以，目前人们对自然的破坏程度是前所未有的，肆无忌惮地掠夺、疯狂攫取对自己有用的，对自己无用的则弃之如敝屣，引用鲁迅先生的话可以说是"林木伐尽，水泽湮枯"⑤。在无知且无畏中前行……

⑤出自鲁迅《二心集·小引》。

如果说中国从古到今，都是一种实用主义的自然观，那么我们应该从中提取什么样的精粹／国粹，作为设计理念的根基呢？这是我长期百思不得其解的一个话题。如果从心底不赞成，怎能由衷地"唱赞歌"？如果不是由衷地赞美，设计怎么会有灵魂？

所以，如果现在一定要有一个结论的话，我希望摒弃文化根基这个大话，只从自己出发，从一个中国的职业景观设计师的角度想，在目前的时代，什么是我想提倡的人与自然的关系？学习科纳的做法，先否定，明确"不是"：

首先，不是敬畏。可以在文化中倡导谦卑，但不是敬畏。所以我有可能把入口的檐压很低，把树木的枝条打理得很矮，但不会做枯山水来神化自然在人心中的地位。人类对自然有很多未知，但是我更想倡导人们去探索它，欣赏它。而大自然的神秘，可能穷其人类整体的寿命而不知，正是这种只能无限靠近而没有终点的探索多么让人着迷啊。

其次，不是征服。我不认为人与自然之间的关系就是经常听到的一句"征服"。相反，目前实际所发生的一切，反而让人感觉是"征服"。"征服"是基于违背自然规律下的改造自然，跟最后用什么形式表达无关。我们在大量的地下车库上造园，造再多的中式园林也只是在形式上模仿，表面上的"与自然和谐""与自然平等相处"的概念有本质的不同。

尊重（respect）、欣赏（appreciation）、探索（exploration），是我想提倡的人与自然之间的关系——至少目前是。尊重，意味着做符合自然规律的事；欣赏，要重建人对自然美的认知，要认同自然本身的姿态，而不以人的审美为基准；探索，对自然未知的神秘保持好奇心，并且鼓励人勇于探索自然的奥秘。

2. 画图与设计

建筑师／景观师和艺术家有一个根本性不同：艺术家直接生产自己的作品，而设计师不会。他们通过画图然后通过别人的手产生最终作品。结果，随着社会发展分工越来越细，设计师渐渐忘记了自己工作的最终目的，往往把画图当成了本职工作，被二维表现迷惑了眼睛。⑥景观作品，与二维图画是无论如何不一样的。而最关键的不同，就是景观是用身体来感受的而不是眼睛。⑦

用身体感受，恐怕是现代社会的人最不擅长，甚至逐渐消失的一种能力。更不要说成天坐在办公室画图的设计师了。但是，设计师最需要的一个基本功，恰恰是对空间的高度敏感，比如尺度、比例、色彩。而对这三个方面的判断，往往比较主观，很难用纯粹理性的推理得到。比如说判断一个圆形水池的大小，当然要放在场地里看，根据周围建筑物、构筑物的高矮、远近等等，违背背景（context）决定的尺寸，是没有经过推敲、可以任意改动的，不能算是最终结果。而前面选择的背景的内容，本身是主观的。不同的设计师出发点不同，选择的参照点也不同。所以设计是多样化的，没有最好的。关键是，这个尺度的决定是有原因的，并且基于这个原因下的这个尺度是唯一的。

回到本题。我们设计师最应该训练自己的是什么本事？社会越发达，分工越细，我们工作的性质也不可能让我们成为最终景观的实施者（建筑也一样）。我认为，就是实际空间与二维平面之间的一一对应关系，简言之，纸上画的一笔，实际上在空间中给人的感受。对于这种关系的把握，史蒂文·斯廷森先生是我见过的最精准的设计师，在美国为他工作的两年时间，我深切体会到了他对这种转化的得心应手。比如说他的草图，能够画得非常精准地与最后建出来的景观一致，大小与他想要的一样；现场的坡度，他可以精确地感受到2%，所以他曾经试图做小于2%坡度的草坪，因为大于这个坡度会让他感到空间的倾斜，诸如此类。这个联系的建立非常重要，可以让我们在二维尺度上准确地表达最终作品，间接地实现了艺术家可以做的事——直接完成最终成果。

如何建立这种联系？首先，我感觉电脑绘图不利于尺度感的建立。在 *AutoCAD 软件* 里放大或缩小，都是没尺度的；*Sketch up 软件*建立的空间模型，也是通过二维平面表达的。反而早年建筑院校的手绘传统，非常有助于这种尺度感的建立，比如在 1：200 的比例上，一棵树要画多大才合比例。手工模型也是培养空间感的有效途径——通过人的视点观察，把自己置身于场地。科纳在他的文章《在景观中绘画和制作》（"Drawing and Making

⑥原文：… The danger of pictorial representation lies in the designers making "pictures" as opposed to "landscape"，scenes and visual compositions based upon the illusionary logic of the picture alone, rather than upon the sensual arrangement of landscape form ("Drawing and Making in the Landscape Medium")，The Landscape Imagination, p179.
⑦原文：… and perhaps most significantly, the drawing is experienced optically … whereas landscape is so much more, experienced as much if not more through the body than the eye. The Landscape Imagination, p169.

in the Landscape Medium")中，特别提到斯卡帕（Scarpa）的画图方式，用透明草图纸基于平面一层层地展开立面、细节，这种画图方式，在视觉上描述了实际上看不到的过程。文中引用弗拉斯卡里的话，传统的工作作图方法其实是科学的工具，它用持续且有秩序的图纸，表达以后建出来的现实情况⑧。尽管，现在提倡这种老套的方法似乎不合时宜，但是否有更加符合现代社会的节奏和要求的新方法，的确尚待发现。

---

⑧ 原文：… conventional working drawings are scientific tools for presenting a future reality within an appearance of continuous and uniform order. The Landscape Imagination, p188.

有关设计的自白书①

　　传统的画廊，或者博物馆，以看为主。它往往有一个流线，让来者边走边看。现代博物馆开始使用更多的方法，增强展示内容与观者之间的互动，一方面让看画儿没那么枯燥，一方面现代艺术开始不局限于平面以及画框之内，本身创造了与观者互动的可能性。

　　中国传统园林的特色体现在空间方面，与旧时的博物馆很像。在一定的流线上设置各种出其不意是潜规则，时至今日，这其中不乏高手和大家；至于对各种表面现象的口舌之争，把雕梁画栋视为古典保守，锈铁、异形就是现代创新，更为表象认知。迄今为止，东西方在景观方面最核心的不同，从来没有被清晰准确地认识过；中国景观发展这么多年，中国传统园林的观念也从未被真正动摇过。牢牢地，根植在甚至自认为"反传统"的设计师血液里。

　　宁波玖著里是最近网红的景观项目，它被认可的程度大大超出了设计师的预料。其实设计的初衷非常简单，就是在一块极其尴尬的三角地块解决各种需求。如果仔细看，这个设计是一个取巧——流线式的"看"结合空间体验——既应了中国民众对"景观"视觉上的需求，又给了他们不同以往的空间体验。不得不说，无意中"媚了一把俗"。但是两种不同手法结合得炉火纯青、天衣无缝、顺理成章，从技术手段上讲，极其高明。从照片上可以看到，有很多非常"上镜"的场景，极符合传统园林的"看点"；人在流线中行走，享受视觉盛宴的同时感受到空间变化。

　　我个人认为，张唐景观的喜好和擅长，是设计景观的空间。景观的体验不应该局限于视觉。也就是说，任何的"惊喜""眼前一亮""四季变化"，都是从视觉角度做设计。空间中如果要突出、强调某种感官的感知，势必影响整体。设计中越是使用明确、突出的视觉吸引物，越降低来者的空间敏感度；同时，越低俗，艺术品质越低。我们希望景观是微妙的，甚至在反复使用后才可以察觉，是给人想象和发挥空间的，而不是停留表面的或者强行灌输的。当然，大部分民众需要轻松易解、甚至直白的表述，抽象和隐晦往往不能迎合大众口味。反过来说，宁波玖著里项目受到一部分民众的欢迎，也就是应了这部分需求的景。

①原文节选修改自张唐景观微信公众号，撰于 2017 年，作者：唐子颖，选编时作者对文字及配图作了删改。

需要继续说明的是，我们为什么强调空间设计。在一个场地里，如果只是视觉体验，设计本身再复杂，人的行为都是单一的；如果以人的行为和活动为核心，那么即使设计很简单，空间都是丰富的。需要强调的是，以人为核心的设计，既可以明确限定行为，更多情况下又是允许多种行为可能发生的空间。比如，有人不能理解，为什么一个大草坪也算是设计。事实上，一个大草坪是对人的行为包容度最高的空间（"青青草坪请勿践踏"的规则下除外）。往往简单的空间可以产生更多行为。尽管如此，简单的空间仍然需要缜密的思考和精心的设计，而不是表面看上去那么简单。比如说，空间设计中的叙事。

景观中空间的叙事是通过情景产生的。在文学和电影艺术中，叙事用语言描绘，或者用视觉影像；音乐中，特别是古典音乐，用音符和旋律，使得叙事最为抽象。20世纪80年代，叙事作为一种设计方法在建筑中开始应用、讨论，大家最常使用与空间情景最接近的电影艺术为比较获得经验。事实上，越是使用具象的语言，叙事越需要抽象。比如空间设计中，使用的是非常具体的形体和材料，如果表现又为具象，那么就会成为乏味的表述，让人失去想象的空间。比如在科纳2009年的文章《亨特的思考：关于高线公园设计的历史、感受与批判》（"Hunt's Haunts: history, reception, and criticism on the design of the high line"）中，针对"让人产生遐想是所有艺术的基本议题"（fundamental topic of all art)，在景观设计上提出三个挑战性应答：如何回应场地本身；如何保证受众所想正是设计所想；如何考虑时间这个介质。而这三个议题，是景观设计最经典、最根本，也是最难、最有价值的。抽象的情景，无论是景观还是建筑设计，都需要空间来体现，材料来塑造，氛围来拿捏，这不是一句话可以做到的。

在"知乎"网站上有一个关于建筑叙事性的讨论，其中一位作者的解释非常到位："作为空间的设计者，或者情节的策划人，在空间与空间，或情节与情节之间，我们需要给予'暗示'与'过渡'充分的关注。不是将功能与空间对号入座，而是利用'流动空间'给使用者以自由度；不是明修栈道把我硬塞进下一个节点，而是路明明铺在眼前，我希望自己走进去。"该观点来自一篇关于对柯布西耶现代主义建筑的讨论："所谓建筑，往往不是把心事放在立面上，而在于选择有利的位置。"现代主义往往被简单解释为极少装饰，实际上，现代主义倡导的日常性，却是对空间丰富的体验："……移动的视点将要介入到物体之间并考察它们的形体变化而非古典主义式的静观旁望。"[②] 传统景观设计中，以静观为核心，设计从不同角度"看"的效果；现代景观的设计方法是强调人在空间中对情景的体验，设计师提供机会，让每个人用自己的叙事方式在空间中获得不同感受。

以上是理想状态中我们对景观设计的期待。以此看来，打破传统设计其实是在打破大众习惯的思维、行为模式，这在一个商业气息浓厚的社会中，委实困难。在短期内以最小成本获得最大利益，可以说是一条商业准则，没有对或不对。所谓不对的地方是商业准则成了一个社会的准则。然而，这样的商业准则现在横空出世，潜移默化到国人的骨髓里，成为大家信奉的处事准则，这个思维模式被习惯性地使用到生活的方方面面：亲情关系、教育小孩、出门旅行等等，虽然社会和生活的很多方面都不是可以像商品一样交换，也不可以用投入和回报来衡量，更不是越快就会越好。

实践中，我们所主张的与我们应该服从的常常相悖。所谓在商言商，设计师是服务方，不能满足甲方的需求让人觉得惭愧；同时，又不能、也不想做我们所不相信的。这样说很多人可能会觉得做作：张唐景观不是一直坚持自己的原则吗？！其实，我们是做了更多的妥协，而且无时无刻都在妥协。如果不能满足或者部分满足这个市场，我们早已被商业规律吞噬。一旦妥协成为习惯，我的担心是，我们还能不能回到原来所想的、所要的，还记不记得什么是应该的？

尾注：
据说肖邦所处的年代，钢琴演奏流行各种炫技。所谓炫技就是使用各种装饰音、琶音，为表现演奏者技巧的音乐。年轻的肖邦初到巴黎，要想展示自己的才华，当然少不了应这个景。与众不同的是，在各种"华丽风格的变奏曲、旋转曲"中，肖邦都赋予了技巧以音乐，不是为了炫技而炫技。在练习曲中赋予音乐情感、气势，使得肖邦的音乐与众不同。书读至此，突然觉得以上所思所虑实在矫情——人在江湖，谁不如此呢？

---

②董豫赣 . 建筑漫步 [J]. 建筑师，2007(10).

访谈：学习、创业及其他①

《建卒》编者按：

　　景观作为同艺术与自然紧密相关的学科，优秀的设计应当在社会观念、文化、审美等价值方面起到一定的导向作用。2014 年，张唐景观作为一家小规模景观事务所从无数设计团队中脱颖而出，凭借万科建筑研究中心的生态景观设计斩获了 ASLA（美国景观设计师协会）通用设计荣誉奖。以此为契机，我们开始了解与关注张唐景观，并从其近年来有机结合高品质、艺术感、生态价值与人文关怀的作品中，求索什么是优秀的景观设计。

　　景观作为一个贯穿概念构想、方案设计、图纸修改到实际施工乃至后期维护的漫长而烦琐的过程，力图保证最终呈现效果的艰辛可想而知。张唐景观以小尺度设计为主，始终以建成目的高品质而为人称道。其作品常常充满了丰富的趣味与细节，简约大气而不失精致，同时紧密结合当下的技术、材料、施工工艺与造价条件，贯注了设计师无限的耐心与坚持，匠人精神便大抵如此吧。

　　在大量的居住区景观实践中，张唐景观的作品强调独创性与艺术感的结合，营造简洁而幽远、具有审美价值的景观，甚至是能够引发文化共鸣与哲学联想的意境和氛围；同时在公共景观中，保持着作为景观设计师对于大地和自然的敬畏。在海绵城市、生态景观等理念逐渐受到重视的今天，湿地公园、生态廊道等大尺度景观设计虽不是张唐景观的主要设计方向，但在许多小地块的构思中我们却依然能够感知到张唐景观试图传达的对于自然的责任感与态度。通过构建雨水花园以及完整的水收集、储蓄、处理、利用系统等，同时将儿童的行为引入，实现人与自然和谐共生的愿景与环境教育。在这里，设计已然跨越其本身的价值，继而走向社会意义的实现。

　　相信这样的景观作品能够为在此生活或是经过的人们带来一种幸福感，甚至成为许多人生命记忆的容器。这种幸福感一方面源于设计者参与性的生态设计理念以及从用户体验出发的人文关怀，另一方面也许来自蕴含在景观设计中的深意能够引发对于生活经验的更新和启示。

---

①原文发表于《建卒》，对话张唐，文字及配图有删改。

以张唐景观在北京五道口宇宙中心一个商业中心前广场的改造设计为例，设计要素为一个转盘喷泉，一排旱喷，一排树，几排座凳。尽头的一组喷泉和树在圆盘中转动。转动持续 50 分钟，当圆盘回归原点时，泉水开始涌动，持续 10 分钟。然后等待，下一个 50 分钟，下一个 10 分钟……时间的度量结合在空间设计中，产生了仪式化的效果。生活需要这样一点仪式感。这样的匠心独具或许能够吸引人们开始等待，在北京五道口快节奏的商业中心戏剧性地学会慢下来。这些解读虽然未必包含在方案本身设计的意图之中，却体现了景观能够为人所体验到的魅力。

作为国内首屈一指的景观设计事务所，张唐景观无疑在一定程度上构筑了许多学生对于好的景观设计的理解，也成了许多同学好奇与向往之所。在《建卒》复刊之际，《建卒》学生编辑部有幸采访到了张唐景观的两位创始人——重庆大学建筑城规学院 1994 届风景园林专业毕业生张东学长和 1997 届城乡规划专业毕业生唐子颖学姐，并邀请他们解答了同学们提出的 12 个疑问。

1. 学长、学姐是在工作几年之后才去留学的，你们留学的契机是什么？另外，你们是如何在工作以后申请到美国名校的？

张东（以下简称为"张"）：在工作几年后选择出国留学，主要还是想自己出去看看，而不是从别人那里得到一些零星的信息。当时并不像现在有很多机会出去旅游和考察，想要出去，留学是第一选择。

唐子颖（以下简称为"唐"）：因为当时大家都在留学。我们在国内工作、上学都觉得很无聊，就凑了个热闹。美国马萨诸塞大学（University of Massachusetts）不是名校。工作以后再申请读研究生在美国很常见，也更有优势。

2. 请问在海外留学工作的经历与国内的学习工作经历相比有哪些不同之处？

张：一言难尽。

唐：无论是工作和学习都有非常多的不同。比如学习中，中国教育更重视结果——一个设计的课程（Studio）主要看你最后那张图；美国更重视过程——老师更关注你达到这个结果的思考过程；工作中，美国的办公室非常的职业化——私下关系再不好的同事也可以顺畅地合作项目，每个人知道自己的对上、对外的职责与态度，而国内在这方面的职业化教育却非常缺乏。不过中国人做事非常努力，态度非常认真，在学校的课程学习中往往基础扎实，在工作中很容易把事情做好。

3. 二位留在国外工作几年后，又决定回国创立张唐景观的原因是什么呢？

张：我们毕业后很多年一直在给不同的公司打工，在这个过程中当然积累了很多经验，但给别人打工就意味着需要按照公司已有方式和风格去做设计，这样才能符合甲方的期望。选择回来自己创业，是希望能有机会尝试去探索一下自己到底喜欢什么。

唐：在国外又待着无聊呗。

4. 张唐景观的作品一直以优质著称，常常可以做出精致、很打动人的景观细部，景观行业似乎普遍处于不太注重质量的状态，花费在设计上的心思不多，或者环境不容许在设计上花太多心思，张唐景观仍然注重项目的优质，这是如何坚持下来的？

张：我们在开始自己实践时，就确定了一个目标：不把时间花在所谓酷炫的概念上，而更关注最终的建成效果。我们认为，对于设计师来说，最终建成的东西才是作品，所有的中间过程包括图纸都只是为了达到目的的手段。许多事务所过于关注概念，这样往往会因为在后期项目推进中愿望和实际情况的差距而感到沮丧，并且在后期花费精力不够，导致最终建成效果不大理想。

唐：很多人都这么评价我们的设计。但是我们设计最大的魅力之处不是这里。（哈哈，这么看来很多甲方比同行还更有眼光。）优质的细节只是最基本的，只要用心、耐心就行，对品质的要求只是一个习惯。

5. 二位是怎样控制设计方案从图纸到最终落地过程的，又是如何保证设计图在最大程度上与施工效果一致？

张：我们从来都没有期望施工效果和设计图一致。设计图只是最终建成效果的辅助手段。具体实施过程中，我们需要根据工艺水平、材料、施工条件、造价现场条件等等对设计进行必要的调整和修正。施工图只是在那个阶段，我们按照我们了解的情况提出的最佳实施设想，但随着施工方的确认，材料的选择和施工进度的推进，情况可能会发生变化。所以，对我们来说，往往并不是施工图就是完美的，可以得到100分，然后施工不理想打了八折，最后项目能得到80分。虽然这种情况可能也会存在。

　　唐：每个项目的这个过程都是最煎熬、最心塞、最无望的。要做的事也无非是人世中最琐碎、最讨人厌的——对施工队苦口婆心地劝诫，想尽办法让他们又省钱又省力……另外就是我们的设计师是从概念到施工图全程参与的（办公室没有前期组和施工图组），这在一定程度上可以保证一个设计概念的落地效果。

6. 二位做过最有难度的项目是哪个，或者哪几个？最有趣、最好玩的项目又是哪个？

　　张：我们事务所算是比较喜欢挑战和尝试新事物的。如果有两个项目进行选择，会比较倾向选择一个没有接触过的类型。因此，这些年来应该说接触过很多很有意思的项目，至少，每个项目在初期都是很有意思和很好玩的，不过，有的项目到后来因为各种原因变得越来越没意思和不好玩。项目的难度没办法去比较：有些是初期和甲方达成共识很难，有些是后期实施阶段和施工方合作很难，有些是审批过程很难。每个项目不管好不好玩，我们都只能尽力而为。

　　唐：每个项目都有各自的难度，没有"最"，只有"更"。

7. 如果回顾自己大学到目前从业的这段时光，二位的思想或者观念有没有什么转变的地方？可否分享一些经历或者感受？

　　张：变化当然很大。主要还是因为社会在变，经历在变，年龄和生活都在变，所有的这些变化都会导致思想和观念上的变化。具体的变化一言难尽。另外，这种变化对于每个人来说都不一样，无所谓对错和好坏，只要保持开放的心态就好。

　　唐：一直在变啊。做事的态度、对生活的态度、对专业的理解。

8. 听说张唐景观待遇很好，还有暑假，这是真的吗？平时加班工作是不是也很忙？你们是如何平衡工作与放假的关系的？

　　张：从设计公司经营角度来说，加班很难避免。项目中充满了不确定性，经常会有调整，暂停或者出现什么状况。就算按照每个人一周工作40个小时的量承接和安排任务，一旦遇到意外就需要加班。因此，不管是中国还是美国，基本上所有的设计公司都会需要设计师时不时加班，而且越是做挑战性工作的事务所加班越多，因为项目的不确定性会相应地更高一些。我们放暑假的目的也是想让大家能在经历了半年的高强度工作后休息放松一下，便于下半年能继续努力工作。刚开始执行暑假时，许多甲方不太理解，觉得工作被耽误了。后来我没听到什么抱怨，或许他们发现放完暑假，设计师的效率更高，工作态度也更积极了。

唐：有一周的暑期高温假是真的。至于我们的加班程度算多还是少，是相对而言吧。做设计这行怎么可能不加班呢？设计师要有足够的创造力，就必须有足够的"再充电"（recharge）。

9. 张唐事务所招人时最看重的品质是什么？

张：我们经常开玩笑说要既能胸怀理想又能脚踏实地，心胸开阔，善于学习，执行力强，还要有较高的审美水平，当然，态度决定高度，认真和努力很重要。

唐：对设计有热情。可以静下心做事。

10. 您觉得现在景观、建筑、规划专业本科学生最缺乏哪些知识和能力？

张：建筑和规划方面不是太了解。景观方面觉得学生学的东西和实际办公室做的东西有些脱节，不过这个可能很正常。只要保持开放的心态，很快就能弥补上了。

唐：专业方面需要更多关于结构和材料的知识。事实上，这方面并不是指结构物理和材料物理课程中讲的（那个反而没什么用），而是在设计过程中对结构和材料的应用和理解。能力上需要更多的思考能力。因为我们一直受的是"洗脑式"教育，表现在工作中就是不太会发现问题，也缺乏足够的思维广度解决问题。

11. 学长、学姐怎样看待景观行业的发展前景和未来？在今后的设计中，你们会更加关注哪些方向？

张：行业的发展与社会和经济的发展总是密切相关的，我们对未来保持开放和乐观的心态。总的来说，我们希望能对于行业和社会的发展做出一些正面的贡献。可能是生态方面的，可能是社会公平方面的，也可能是艺术方面的，都有可能，而且无所谓大小和多少，我们会尽力而为。

　　唐：工作应该是不会没得做的。毕竟现阶段中国的景观建设处于上升期，有很多工程需要做。但从业者应该会逐渐从以前高收入阶层跌到中低收入阶层吧，这样其实也是很合理的。行业还会更加细分，从以前"大而全"进化成"小而精"。行业之间还会更多分工合作。

12. 最后，还请学长、学姐给本科阶段的同学们提几点学习生活方面的建议。

　　张：回想起自己成长的过程，觉得有一件事情很有意思。我们好像很容易把希望寄托在不确定的未来上：小时候总幻想着长大了会更好，高中时期想着上了大学一切都会很美好，上了大学设想着毕业工作后或出国留学会更好，工作后设想如果自己当了老板会更好。每次到达到一个阶段都会发现其实一切原来都没有想象的那么美好。人生就是一个过程，要享受当下，没有必要着急往下一个阶段冲。所以，对于本科阶段的同学们的建议是：尽情享受本科阶段的生活，喜欢干什么就努力地去做。

　　唐：最重要的是花时间好好研究自己的内心，是不是真的很爱这行。千万不要着急去读研究生。其中一个办法是多利用暑期去实习，看看将来工作的状态。如果没那么爱，可以趁着考研究生，赶紧转行吧。

访谈：参与性景观①

1. 你们曾在美国学习并从事相关实践工作，回国后陆续做了很多被业界和公众认可的作品。回顾过去，国内在景观设计方面和美国相比有什么不同之处？你们认为自己在设计方面有什么转变？

中国和美国目前处在发展的不同阶段，所面临的问题不一样，项目类型和关注点都会不太一样。大概来说，中国目前项目多是大量的城市化带来的新的开发项目，而美国多是城市更新项目。另外，两个社会的各种差异也会反映在设计实践的方方面面上。

社会形态是决定园林景观，甚至建筑和城市形态的根本因素。我们观察到美国在过去这些年城市景观也有一些变化。可能是因为随着美国家庭经济的变化，双职工(double income)家庭数量增加，所以越来越多的家庭选择居住在城市里。相比十多年前，各大城市新建和改建的公园里，比如纽约的布鲁克林大桥公园 (Brooklyn Bridge Park)，芝加哥的千禧公园里的玛吉·戴利公园 (Maggie Daley Park)，洛杉矶的大公园 (Grand Park)，儿童活动场地的数量和质量都有很大的提高。景观设计是社会需求最直接的反映，我们在设计上的转变也是顺应社会需求变化的结果。

2. 随着人口的增长，高密度的社区遍布中国各大城市之中。应对城市中的这些场地特点，你们在做景观设计时通常最关注和最想解决的问题是什么？

现代景观是一个很宽泛的概念，不管是在尺度上还是在具体面临的问题上，都和传统的园林有很大不同。如果在一个大的社会背景下来考察景观设计，会有一些有意思的发现。我们认为现代社会面临的三个主要问题都会对应在景观设计上。第一个是环境问题，包括人类活动碳排放引发的气候变化、极端气候、资源稀缺、水土流失、环境污染、生物多样性减少等，可以说是人和自然的问题，是人类生存问题。对应在景观设计上是各种环境友好型设计策略在设计上的应用。第二个是社会问题，和人相关。包括人口流动和在不同区域重新分配、城市化、逆城市化、社区和邻里建设、社会正义、人口多元共存、社会价值观、家庭关系等，可以说是人和人的问题。对应在景观设计上有公众参与、城市公共空间更新、景观都市主义、景观城市基础设施、社区共建、邻里花园、亲子花园等内容。第三个是个体的问题，新技术新科技的不断涌现，

---

① 原文发表于《万科周刊》，张唐景观：鼓励小朋友冒适当的风险，也是他们成长的一部分。选编时作者对文字及配图作了删改。

社会发展变化太快，个体对于不可知的未来产生的焦虑感。如何化解心理压力和焦虑感，让自己的生命更有意义。对应在景观上有静思冥想空间、沉思花园、自然疗愈花园、亲自然设计等，利用自然，以减缓个体的心理压力。当然，这三个方面并不是孤立的，不同的项目可能会有不同的侧重，三个方面也可能会体现在同一个项目里。我们在设计时基本上会从这三个方面来考虑，虽然景观不能解决这些问题，但应该有所贡献。

3. 苏州的樾园项目的设计给人们留下了深刻的印象。在一个历史文化名城中进行现代景观设计，你们对传统文化传承是如何考虑的？

在一个现代社会，我们大多数人都住在城市社区的高层集合住宅里，用着抽水马桶，每天开车或乘地铁上下班，去商场购物，用手机支付，等等。这些所有的一些都出现在过去几十年里，而且基本上都是受西方文明影响。在这个背景下，谈论对传统文化的传承，其实很纠结。如果你看一看中国的古典园林，要么为一个大家庭服务，要么为皇室服务。传统园林里面发生的各种活动在现代城市生活中基本上都不存在了。对于传统文化的传承，我们尽量避免表面化，希望能更多地从文化上去考虑。中国古典造园讲究"虽由人作，宛自天开""师法自然"，这个精神我们可以传承，但是，我们所理解的"自然"和古人已经有很大不同了，我们所能采用的技术有很大不同了，我们面临的问题也有很大不同了。这种情况下，我们的传承肯定不能只是表面的传承。

苏州樾园项目位于江南古典园林的重镇，所以在这么一个地方做现代园林必然面临一个传承与创新的问题。建筑师采用了一个"太湖石"的概念来表现苏州传统文化在现代语境下的传承。可以说是一种转译，把传统里面的一些东西翻译得符合现代精神和功能。这个平躺的抽象的"太湖石"建筑是社区配套的商业服务，而"太湖石"上的"洞"就变成了小庭院。整个园子其实有很多在不同标高上的庭院空间。我们就想采用类似建筑的转译手法，将苏州古典园林里面的各个著名景点，比如"梧竹幽居""小飞虹""涵碧山房"，翻译成符合现代社区生活的一个个场所。其中的一个小庭院，是小型商业的内部庭院，也是公园水景的源头，打算做成现代的"曲水流觞"。这个曲水流觞在一些现代园林中也经常用到,比如贝聿铭先生做的香山饭店庭院里就有一个。但是我们想做的不太一样。我们注意到"太湖石"形成过程中有一个"时间"概念,而时间在中国文化中经常会和水流相关:"子在川上曰:逝者如斯夫,不舍昼夜。"这些点融汇在一起促成我们最终的设计。用整石雕刻而成,沿河岸一层层的等高线似乎是水流的"年轮",水流经过数万年侵蚀,将地面侵蚀成一条溪流。出水的水台借鉴了宋代的斗笠碗样式。在做这个翻译的过程中,我们并没有直接借用原有的形式,但可能因为我们受"师法自然""曲径通幽""气韵生动""妙在似与不似之间"这些传统文化精神的影响,最终的形式还是有很明显的中国味道。

4. 五道口宇宙中心的项目中,转盘喷泉的装置设计为这座城市平添了一丝生机。你们是如何产生这一想法的?可以向我们介绍一下你们做设计的流程吗?

我们在开始一个项目时,会先考察和这个项目相关的方方面面的资料信息,了解这个地方需要什么,尽量多地了解这块场地上的各种信息。每一块场地都是独特的,对于这种独特性的了解是设计的出发点。信息的收集是比较理性客观的,之后对这些信息的处理是相对主观但也是更重要的一步。再之后的具体推进实施又是相对理性客观的,包括技术的可行性、造价、维护等因素的综合考量。所谓的创意,是在了解了各种限制之后,基于现实的需求做出来的。

五道口这个小广场的设计大概也是这么进行的。先了解场地的各种情况,包括场地条件、人流特征、附近的火车道和周边人群构成等。基于限制条件设想改造后的各种可能性:如何激活这块目前以穿过行人流为主的场地,能让人停留下来,但又不影响人流穿行?如何在一个缺乏特征的场地里创造能让人记得住的城市空间,营造相对独特的体验?如何创造一个属于这块场地的记忆?最后选择了一个和这个地方的绰号"宇宙中心"相关的主题,虽然不太严肃,但转盘和喷泉这些设计元素满足了以上的各种诉求。

5. 富有创意和趣味的互动装置是你们作品中的亮点,比如成都麓湖雪坡一般的滑梯设计,以及在长沙山水间的昆虫乐园等。这些灵感通常来自哪里?

在中国传统园林里,人的主要行为是"游"。设计时重点考虑的是游览路线的设置,如何通过游览能够产生在自然山水中的体验。不过有意思的是，在游览时，中国人不仅仅满足于对自然的"观赏"，还会"亵玩"。比如说会爬在假山上、爬在雕塑上照一张相，在水边喂一下鱼。有人讲中国园林是"人世间的欢场"。这种"喜乐文化"在现代城市公园里应该得到尊重，甚至是鼓励。我们设计的这些互动装置的出发点都是鼓励人在自然中的参与，和自然密切接触。

　　前面讲过，景观设计需要考虑到环境问题。许多时候人类对环境的破坏是出于无知，我们认为如果能将环境教育功能巧妙地融入城市景观，寓教于乐，让人能在玩乐的同时了解和欣赏自然生态系统，长期来说，大家会自觉地去爱护自然环境。成都麓湖云朵乐园的设计意图是让人了解到地球上水循环系统，包括云、降雨、溪流、湖泊等，雪坡滑梯是其中关于雪的一个环节。长沙山水间昆虫乐园通过夸张手法将昆虫放大无数倍，成为一个个大玩具，是希望小朋友在玩乐的时候，会对自然产生更多的好奇心，去了解到自然中微小的昆虫其实对于地球生态环境很重要。

6. 和其他场地相比，儿童活动场地有哪些特点？在做儿童活动场地的景观规划和设计时，你们会主要考量哪些方面？

　　儿童活动场地有很多种，有的类似旅游目的地，可能会一年去一次，类似迪士尼这种；有的可能是城市公园里的一部分，可能会一个月去一次；有的可能是社区公园配套，每周末会去；有的可能是住宅区内部的配套，每天都会去。这些不同类型的儿童活动场地说来都有一点差异。如果说有什么共性，应该是安全性和趣味性的有机结合。一般来说，这两个属性会相互冲突，非常安全，趣味性可能就会不足。非常有趣，可能就会有一定安全风险。有意思的是，据研究，各种儿童活动场地设计规范所要求的安全措施只能防止 5% 的安全事故，其他的 95% 的安全事故都只能通过管理约束行为来避免。

　　我们在设计儿童活动场地时经常纠结的是如何在安全性和趣味性这两者之间寻找一个平衡点。小朋友愿意去一个儿童活动场地不是因为它很安全，而是因为它好玩、有趣。我们觉得鼓励小朋友冒适当的风险也是他们成长的一部分，只要这种风险在可控范围内。

7. 是什么原因让你们成立艺术工作室和自然工作室？工作室在设计和研究方面有哪些有趣的想法和创新的经验？

我们认为景观设计的本质是对自然元素的一种艺术化的加工和重组，以解决（生存－生活－生命）各种问题。因此，在我们开始自己的实践以后就格外关注艺术和自然，希望能在自己的实践中将两者有机融合。我们发现，要想把设计做好，就必须做一些常规的设计之外的工作。总而言之，艺术工作室和自然工作室相当于我们的一个研发部门。刚开始时，只是做和项目相关的一些研究。艺术工作室会关注艺术家、材料、工艺，以及新的可能在景观中应用的技术。自然工作室关注植物、苗圃、降雨、土壤等等，甚至还寻找条件自己做一些种植实验。后来因为有了机会，我们艺术工作室会具体做一些项目中特殊的艺术装置，而自然工作室也在每一个项目里积极地寻找生态技术应用的机会。

我们做过很多设计之外的研究，有一些会在设计项目上用到，有一些目前还没有以后有可能会用到，也有一些可能永远不会用到。具体的工作大概分两类，一类是先于具体项目的试验，我们觉得有什么点子很有意思就会去收集资料，然后试验研究，如果恰好有什么项目可以用到就会用上去，如果用不上也没关系，主要是好玩。我们在这个过程中也学到很多东西。另外一类是先有一个项目，有了一个和项目相关的设想，我们会针对这个设想去做一些研究，可能研究的结果是原来的设想不可行，需要调整、修改或放弃。

8. 你们曾说过，"设计其实某种意义上就是一个妥协的艺术，最好的设计也是平衡得最好的一个设计。"在过去的项目中，遇到阻力时通常是如何克服的？

其实我们想表达的可能是 compromise 这个意思，可以让各方利益都得到部分满足，因此译成"妥协"或者"折中"，或许"协商"更恰当一些。它更多的是在权衡众多的利弊之后，选择中间的一条道路，而不是单方面地让步和妥协。设计和艺术的区别之一是设计是为了解决问题。一个项目中有使用习惯和需求、造价、工期、安全、后期维护等等很多因素需要综合考量。项目的使用者多种多样，每个人的习惯和喜好都不一样。有的人养宠物狗，希望公园里能够遛狗；有的人喜欢打篮球，希望能有篮球场；有孩子的希望有儿童活动场地。设计就是通过各自协调，每个人各让一步，从而满足大多数人的诉求。在建造过程中，投资方、建设方、施工方、后期维护方都会有各自不同的诉求。《园冶》里讲到造园"七分主人，三分匠人"，一个项目的水平主要由"能主之人"决定。这个"能主之人"可能不是指一个人，而是决定项目走向的众多的因素。一个好的设计不是说刚开始时是100分，然后各种妥协调整，过程中不停地扣分，最后得到一个80分或者60分。一个好的设计是刚开始提出一个设想，可能只有80分，随着各个利益方的介入，设计在这些因素的影响下推进，考虑得更加完善，最后实施出来的时候是最佳的选择，对于这个项目的各个方面来说可以有100分。

后记：何为景观

——没有人觉得景观是有学问的。

凭良心说，做景观的确不需要多高的智力水平或者多渊博的学问。过去一二十年，由于国家房产经济高速发展，顺带把这个行业拔到了一个远远高于它应该有的高度：全国最顶尖的高等学府招收全国高考最高分数的人进入学科，毕业后普遍就业与收入远远高于其他行业……不仅"致富"快，而且因为从事的是"设计"，在社会上显得有文化、有思想、有品位，因而自我感觉良好……直到IT、金融等可以一夜致富的行业运势而生，大家突然意识到，这个专业原来是辛苦的半体力劳动；这门学科经常让人的聪明无用武之地；干这行原来永远只是"乙方"；设计原来只是服务行业……

——什么是景观？

景观是一个名词。它指代人类塑造，并且为了永久性目的特意塑造的土地表面。哈佛大学历史景观学教授约翰·斯蒂尔格（John Stilgoe）从语言学的角度层层剥开他对景观学的理解和认识：当景观变成形容词的时候，它代表建筑物类型，比如景观建筑（Landscape Architecture）、景观花园（Landscape Gardening），其核心是发现大地之美；作为动词的时候景观还可以看成是种植……语言往往来自生活。因此，书中同时从历史的角度，讲述人类景观形成的种种。这是一个大景观的历史画卷。

回到我们在中国的过去十年景观从业经验，景观与现实的社会、经济充分接壤，成为：提升商业附加值最有效手段之一；社会阶层的标签之一；新型的高级娱乐与消费产品之一。对于景观的基础功能，人们往往不甚在意：人车流线组织、场地排水汇水、材料耐久等等。虽然大部分景观设计在这方面缺乏经验并且考虑不足，但是大家更急于挖掘它更短促却有效的商业价值。

——是好还是不好呢？我们常常纠结于这个问题。

对于景观师，大概不全是坏事。不能不说，有创意的设计师需要这样鼓励"与众不同"的环境。但是景观的创意来源于哪里呢？目的是什么呢？别的地方做过的东西可不可以搬过来用呢？是不是每个项目都要有博眼球的"东西"呢？"博眼球"一旦成为目的，会牺牲一些什么作为代价呢？所以说，虽然我们庆幸自己在这个时代的中国做景观设计，同时又为自己的做法担忧：会不会顺应了时代的要求，甚至做了推波助澜的事，帮助景观行业走了不应该走的路呢？

对于受众来说，大概很难是好事。不能不说，越来越多的人对景观开始有了认知，同时也是误解。打个比方，比如豪宅景观，其实受众支付了远远多于景观应有的价值，或者说用这部分费用为自己买了一个标签。豪车、名表也是标签，因为它们本来就被设定成为不同阶层的配置与代表。不幸的是景观也开始名列其中，这让人不得不怀疑其可持续性以及发展方向。作为住宅区，如果当真有人住在里面，每天上下班、接送小孩、买菜做饭等过着人间烟火日常生活，它要提供给大家一个什么样的景观呢？至少博眼球的设计不应该是目的，那是本末倒置。

出彩的创意，真正好的设计，是顺势而生，因为外界特殊条件促成的。由于解决了一个功能上的难题，最大程度上满足了使用而产生的不同一般的设计，我们称其为真正经得起考验的创意。大家在图片上看到的各种奇异的造型和空间，不明所以但往往会被其外表迷倒。再加上有"创意"之需，那些使用起来一塌糊涂、为了把设计拧巴成"创意"而牺牲功能，甚至滋生更多用途上的麻烦的设计，比比皆是而且备受吹捧。这是时代带给景观的负面作用。好的景观、让人感受舒适的景观可以非常平实，更不一定昂贵；大部分景观实际上都是辅助性的——为建筑提供一个恰当的外部环境，为户外的人提供一个惬意的场所，等等；理解、包容、可以站在别人的角度看问题是景观师的基本素养，而不是被时代所驱或者被暂时的显著位置、不同一般的话语权所惑。

景观的学术界一直没什么高深的理论，这点和建筑不同。随便翻翻建筑大师们的著作，里面都是看不懂的名词和概念。同类相比，景观界前些年出现了一个"景观都市主义"就已经让同行们雀跃不已了。而说来说去，这个概念也无非是实践行业里设计师默默执行的一个潜规则。没有奥妙的理论横空出世不能怪做理论研究的同仁不努力，而实在是因为这个专业本身的确不深奥。从业这些年，我的经验是景观师大概需要博览群书，知识上要有一定的广度，然后眼界宽阔，要有所谓的社会关怀、人文情怀。老实做人，不虚张声势，不过是能踏踏实实解决基本问题的基本功罢了。

北美的东海岸边经常有人做冲浪运动（surfing）。我喜欢看别人冲浪，但自己却不会，所以一直好奇几件事情：一是冲浪的时候人能不能看得到方向？他们知不知道自己在往哪儿冲，还是任凭海浪把他推到哪儿？二是每次冲到浪尖的时候一定是最精彩刺激的瞬间，那么滚到浪下面海水里的时候不知道是什么感受？

好吧，这是个比喻。希望的是无论浪往哪里推，我们始终看得到自己的方向；无论在浪尖或浪底，我们始终能甘之如饴。

唐子颖

2017 年 11 月

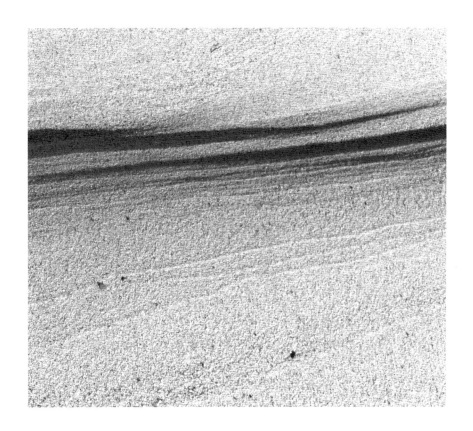

图片来源:

张海   P8、P9、P12、P23、P24、P29(6、7)、P30、P32、P37、P40、P46(2)、
                            P50、P55(6)、P56、P58、P61、P62(6、7)、P66、P67、P68、P82、P92、
                            P95、P96、P97(8、9)、P98、P100、P105、P106(12、14)、P108、P112(3)、
                            P113、P114、P117(4)、P118、P119,122、P142、P144、P145、
                            P146、P147(8、9、10)、P152、P155、P156、P157(8、9、10)、P172、
                            P175(2、3)、P176、P180、P186(2)、P187、P188(5、7、8)、
                            P191(10、11、12)、P192、P193、P201、P202、P218、P219

存在摄影   封面、P124、P147(7)、P157(11)、P161(21)、P162(25、26、27)、P166、封底

张东   P18、P19、P20(10)、P21、P47(4)、P112(2)、P182、188(6)、P223

唐子颖   P29(5)、P52(2)、P53、P54(7)、P55(7)

姚瑜   P16(2、3)、P17(5)、P20(11)、P46(3)、P49、P97(10)、P128(1)

赵桦   P103、P104(7)、P106(13)、P128(2)

范炎杰   P47(5)

周啸   P175(4)

宁波万科   P35(3)

安吉绿城   P94

Richard Mayer   P42、P52(1)

网络   P14、P17(4)、P186(1)

书中其他未列出的图片及绘制图均属于张唐景观所有。